脱贫攻坚与乡村振兴实用技术丛书
合阳县核桃提质增效项目培训教材

核桃
优质丰产栽培管理技术

陕西省渭南市合阳县林业局　组编
白晓军　贺俊学　主编

西北农林科技大学出版社

图书在版编目（CIP）数据

核桃优质丰产栽培管理技术 / 白晓军，贺俊学主编.
— 杨凌：西北农林科技大学出版社，2018.12
ISBN 978-7-5683-0587-7

Ⅰ. ①核… Ⅱ. ①白… ②贺… Ⅲ. ①核桃—果树园艺
Ⅳ. ① S664.1

中国版本图书馆 CIP 数据核字（2019）第 000064 号

核桃优质丰产栽培管理技术

白晓军　贺俊学　**主编**

出版发行	西北农林科技大学出版社		
地　　址	陕西杨凌杨武路 3 号	**邮　编**：	712100
电　　话	总编室：029-87093105	**发行部**：	029-87093302
电子邮箱	press0809@163.com		
印　　刷	陕西天地印刷有限公司		
版　　次	2018 年 12 月第 1 版		
印　　次	2018 年 12 月第 1 次印刷		
开　　本	890 mm × 1230 mm　1/32		
印　　张	3		
字　　数	70 千字		

ISBN 978-7-5683-0587-7

定价：38.00 元

本书如有印装质量问题，请与本社联系

核桃优质丰产栽培管理技术

编辑委员会

陕西省核桃专家、教授级工程师原双进老师莅临授课并进行技术指导

合阳县林业局局长党敏岗同志主持技术培训会及调研产业发展动态

陕西省林业技术推广总站专家组在合阳检查指导核桃产业建设工作

渭南市林业站组织各县市林业站技术骨干观摩指导核桃抚育管护工作

依托国家政策支持　加快核桃产业发展
助力小康社会建设

优质良种壮苗　提供物料支持

夯实基础保障　共襄产业美景

渭南市林业高级工程师郭军成和赵红茹举办大型技术讲座

合阳县林业科技推广中心主任白晓军同志授课并进行技术示范

服务基层群众　提升产业效益

陕西省合阳县核桃干杂果经济林发展掠影

核桃标准化示范园一角

航拍合阳县省级标准化核桃示范园图景

序

核桃以其丰富的营养、独特的风味和多种保健功能，被列为世界四大干果之首；因其经济价值较高、树木寿命长而深受广大群众的欢迎。新世纪以来，发展核桃干杂果经济林产业成为广大栽植户增收增效、致富奔小康的重要途径之一。渭北地区气候温和，土层深厚，土壤疏松，群众勤劳，是我省核桃的最佳适生区。

党的十九大提出：实施乡村振兴战略，是顺应亿万农民对美好生活的向往，对“三农”工作做出的重大战略部署，是决胜全面建成小康社会、全面建设社会主义现代化国家的历史任务，是新时代做好“三农”工作的总抓手。乡村振兴，产业兴旺是重点。作为林业部门，我们有责任发展壮大林业经济产业，特别是推动“增产导向”转向“提质导向”，提高竞争力。多年来，在省市林业部门的大力支持下，经县镇村三级推动，核桃的栽植面积迅速扩大，全县现有核桃65 000余亩，并拥有3个省级优质核桃标准示范园。核桃已成为群众致富的重要产业，它的健康发展必将造福古莘大地。

为推广核桃栽培新技术，大力开展生态帮扶及产业建设，帮助广大林农致富，我们组织有丰富实践经验的技术骨干，整理省内外最新科技成果，编写了这本《核桃优质丰产栽培管理技术》。本书内容适用，技术先进，图文并茂，通俗易懂，突出理论与实践相结合，实用性强，便于操作，为林业科技工作者和广大核桃栽植户提供参考价值。

愿该书能助广大核桃种植户一臂之力，使他们在核桃干杂果经济林生产管理中获得更好、更稳定的收益，并借以巩固和增加我县林业生态建设的成果与效益，为推动县域经济社会发展做出积极贡献。

中共合阳县林业局党委书记

合阳县林业局局长

前言

核桃在我国的栽培历史比较长，具有一定的产业优势。因其营养丰富、挂果时间长、便于管理等因素，深受广大群众欢迎。核桃为目前林业生产中重要的支柱产业，也是新时期调整优化产业结构的重要树种，必能切实增加群众收入、改善生产生活环境，为建成小康社会提供重要的物质基础。

但是，我们要清醒地认识到，核桃产业建设还存在一些发展的瓶颈问题：一是集约化经营模式还没有形成，高技术含量、高产值的示范园布局相对分散，宣传引导作用较弱，集成式规模化的发展道路还很长。二是核桃产业建设起步晚，基础不牢固，日常的抚育管理技术不规范、不到位，群众普遍认识不足。三是由于造林成本、配套措施和一些不可预知因素的影响，造成现有的核桃品种混杂、难于管理以及建园周期过长等客观问题比较突出，在供给侧结构性改革中处于被动局面。四是林产品产地品牌观念还没有形成，缺少果品初加工或深加工的企业集团，产业链条比较短，依然是将原产品直接投放市场，核桃的产业产值就难以提升。所以，适度调整产业发展规划、加强科学规范且合理的现代化林业技术培训推广、抓住机遇进行高接换优实现品种优质化、吸引社会资金拓展产业链等问题，将成为今后做大做强核桃产业发展的重要任务。

基于此，我们组织了一些业务知识较强、实践经验较好、工作认真负责、敬业奉献的技术人员，结合合阳县实际，就核桃建园、品种选择、整形修剪、土肥水管理以及病虫害防治等方面，进行了比较系统全面的总结。为了简化对核桃生产中的技术认知问题，直观地了解相应的技术措施，把核桃的抚育管护技术概括为“123456”（即：良种壮苗是首要条件；浇好封冻水、花前补充水，抓好2次水分管理；施好基肥、萌芽前追肥、果壳硬化期追肥，完成3次营养管理；短截、缓放、回缩、疏枝，合理利用4种基本的修剪方法；发育枝、结果母枝、背下枝、徒长枝、二次枝，正确处理好5类枝条；科学防治核桃溃疡病、枯枝病、腐烂病、白斑天牛、扁叶甲、木橑尺蠖等6种病虫害）并插入了一定数量的图片，便于加深大家的理解。希望这些技术措施能够在生产中得到运用和推广，有利于提高核桃生产的效益。

由于时间仓促，加之经验不足，书中难免存在许多疏漏和不妥之处，恳请同行和广大群众不吝指正。

编　者

目录

第四章　核桃树的整形修剪

第五章　核桃树高接换优

01

第一章　核桃概述

一、核桃的营养价值

核桃，又称胡桃、羌桃，与扁桃、腰果、榛子并称为世界著名的“四大干果”。既可以生食、炒食，也可以榨油、配制糕点、糖果等，不仅味美，而且营养价值很高，有“万岁子”“长寿果”“养生之宝”的美誉。

营养价值较高的三大植物油

核桃中 86% 的脂肪是不饱和脂肪酸，核桃富含铜、镁、钾、维生素 E、维生素 B1、B6 和叶酸，含有少量纤维、磷、铁、维生素 B2 和烟酸、泛酸。其中每 50 克核桃中，水分占 3.6%，蛋白质 7.2 克、脂肪 31 克和碳水化合物 9.2 克。

核桃仁含粗蛋白 22.18%，其中可溶性蛋白的组成以谷氨酸为主，其次为精氨酸和核桃仁天冬氨酸。粗脂类 64.23%，其中中性脂类占 93.05%；中性脂类中三酰甘油 82.05%，其含量为总氨基酸的 47.50%。

据分析：500 克核桃肉的营养价值，相当于鸡蛋 2 500 克，牛奶 4 750 克或猪肉 1 500 克，可见，核桃的营养值价是相当可观的。

二、核桃的药用价值

核桃味甘，性温、平、无毒。人食之体健、润肤黑发；润肠通便、补气养血。润肺化痰。有健肾、补血、润肺、益胃之功效，对肾亏腰痛，肺虚久咳、气喘、大便秘结，病后虚弱以及头晕、失眠、食欲不振、全身无力等症均有一定疗效。

核桃加工菜肴

核桃对大脑神经有益，是神经衰弱的辅助治疗剂。长期从事脑力劳动或体力劳动过度的人，食用核桃可补脑健脑。患有神经衰弱的人，坚持每天早晚各吃 2 ～ 3 个核桃，对减轻病症有明显的疗效。核桃中含有大量的维生素等，能增强人体细胞的活力，对防止动脉硬化，延缓人的衰老具有独到之处。

现代医学研究表明，核桃仁中的脂肪含有丰富的不饱和脂肪酸，能促进胆固醇的代谢，提高大脑功能。核桃仁中含

常销畅销的核桃饮品

的各种微量元素对维持人体心血管的健康，保持内分泌和生殖功能的正常有重要作用。所含磷质，能调节人脑神经。核桃还有防癌、抗癌的功效。

核桃分心木泡水饮用

分心木为胡桃科植物胡桃果核内的木质隔膜，分心木又称胡桃衣、胡桃夹、胡桃隔，在传统中医学中有治疗遗精滑泄、淋病、尿血、遗溺、崩中、带下、泻痢的作用；对长期失眠或顽固性性失眠患者，可以在医生的指导下，用核桃的分心木配合其他中药材进行调理治疗，疗效非常明显。

合阳县林业局职工日常工作图影

三、核桃栽植对环境气候的要求

1. **温度** 核桃属于喜温树种，适宜生长的温度范围是：年平均温度 9 ～ 16℃，极端最低温度 -25℃，极端最高温度 38℃以下，有霜期在 150 天以下。

2. **光照** 核桃喜光，进入结果期以后更需要充足的光照条件，全年日照时数要在 2 000 小时以上，才能保证核桃的正常生长发育。光照时间如低于 1 000 小时，核壳，核仁均会发育不良。栽培中，从园地选择、栽植密度、栽培方式及整形修剪等方面，均须考虑采光问题。

3. **土壤** 土壤是一切植物生长发育的基础。核桃庞大的根系和树体首先要求有深厚的土层（大于 1 米），以保证其良好的生长发育。

4. **水分** 核桃耐干燥的空气，但对土壤水分状况却比较敏感，土壤过旱或过湿均不利于核桃的生长与结果。所以，山地核桃园需采取水土保持工程措施，而在平地则要解决排水问题。

5. **其他** 核桃适宜在疏松土质和排水良好的土层生长，若在地下水位过高、黏重的土壤中会导致生长不良；而在含钙的微碱性土壤上生长最佳。对土壤适应范围为 pH 值 6 ～ 8；土壤含盐量宜在 0.25％以下，如果超标会对生长结果有不良影响。

02 第二章　核桃苗木繁育技术

一、核桃砧木苗培育

种子的采集：选择适应性强，生长健壮的盛果期树作为采种树。被用作砧木的主要有北加州黑核桃、小果黑核桃，也可用新疆薄壳核桃、野核桃等。当核桃果实外果皮由绿变黄（或黄绿色），全树有 50%左右果实开裂时即可采收。

种子的沙藏：选择地势较高，排水良好，避风背阴处，挖宽 1～1.5 米，深 0.7～1 米，长度据贮藏量而定的贮藏坑。坑底先铺一层湿沙，厚约 10 厘米，湿度以手握成团但不出水为度。沙上铺层种子，坑四周和核桃之间用湿沙填充，不留空隙；往上再铺一层沙放一层种子，如此埋至距坑口 10～20 厘米时，再盖湿沙与地面相平；沙上培土成屋脊状，宽于坑口，四周开排水沟。种子沙藏时间以 80 天左右为宜，沙藏时种子应先用冷水浸泡 2～3 天；期间应勤检查，以防种子霉烂。

播前整地：苗圃地在前一年秋冬深翻 2 次，深度 30 厘米左右，拾净杂物，亩施有机肥 1 500～2 000 千克，播前整平做畦，畦宽 1 米。

播种：春季土壤解冻后土壤温度达10℃以上时进行播种，以3月下旬至4月上旬为宜。1米宽的苗床播3行，行距30～40厘米，株距10～15厘米，播后覆土5～10厘米。播种时种子的缝合线要与地面垂直，种尖向一侧摆放，其他放置方式会导致幼根或幼茎弯曲生长，出苗迟缓。

苗期管理：及时查苗补种，中耕除草。大致7月以前苗出齐后，追1次速效氮肥，7～8月份追施1次速效磷、钾肥。幼苗出齐，然后及时施肥浇水；幼苗出土前不可浇水。要做好苗期病虫防治工作。

二、嫁接技术要点

1. 方块芽接

（1）嫁接前砧木苗管理：春季萌芽前平茬，浇水。苗高5厘米时定苗，除去多余萌芽；苗高20厘米时摘心，增加粗度。

方块芽接技术示范图

（2）嫁接时间：核桃产生愈伤组织的最适宜温度在25～30℃，而接后3天内若遇雨，则成活率明显降低。因此，芽接应在日平均气温达25～30℃，雨季来临之前进行，以6月中旬至7月上旬为宜。

（3）嫁接方法：接穗要采集生长发育健壮的木质化或半木质化的当年生枝条，去掉复叶，留1～2厘米长叶柄，浸水 12 ～ 24 小时。嫁接时分别在接芽上部和下部各横切一刀，接芽两侧各纵切一刀，纵横切口相连，轻轻剥下芽片。芽片长 2.5 ～ 4 厘米，宽 1.5 厘米，芽内生长点需保持完好。接着在砧木距地面 10 ～ 15 厘米处选一光滑面，用同样方法取下与芽片大小相似的砧木树皮，迅速贴上接芽，将塑料条自下而上绑严扎紧，使芽片上方紧贴砧木方块形切口的横切口，对齐形成层。捆绑时要用拇指压紧叶柄处确保芽片生长点与砧木吻合，芽和叶柄露在外边。砧木接口以上需留 1 ～ 3 片复叶剪砧，而接口下部叶片全部去掉。

（4）注意事项：

① 尽量选取接穗中下部呈褐色的成熟芽片。因芽片充实、平展，易带生长点，故成活率较高。而枝条上部呈绿色的芽片，凹形大，不够充实，则取芽不易带生长点，捆绑时芽片与砧木贴合不紧，因而成活率极低。

优质种苗繁育基地一角

② 操作速度要快。防止芽片中单宁成分在空气中氧化产生隔离层而影响愈伤组织的形成。

③ 不要用手触摸芽片和砧木接口的形成层，保持形成层清洁。

④ 接后管理：接后 7 ～ 10 天伤口基本愈合后，浇 1 次水，随时去除砧木萌芽，促接芽生长；20 天左右解绑，在接芽上方 1 厘米处剪砧。加强肥水管理和病虫防治。

2. 枝接

（1）接穗采集与贮藏：接穗采集时间应在 2 月中旬至 3 月上旬。选生长健壮的 1 年生发育枝，要求粗壮光滑，髓心直径应小于枝条直径的一半。

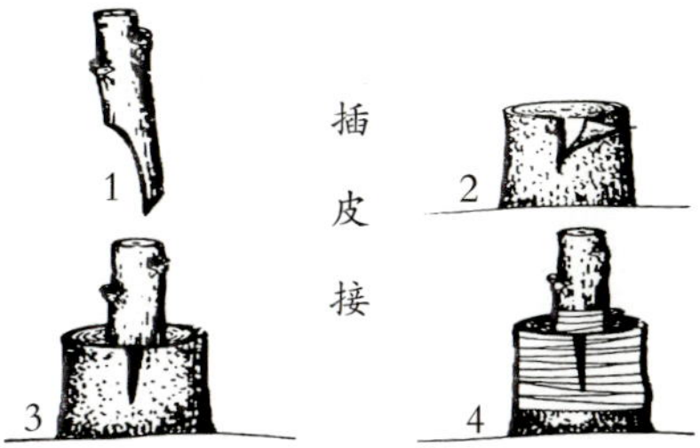

插皮接

采后按品种捆好，于冷凉的室内或地下通风窑内沙藏，沙的湿度以手握成团，一触即散为合适。沙藏温度为 0 ～ 8℃，每半月检查 1 次，以防霉烂或失水。

（2）嫁接时间：嫁接时间以 3 月 25 日至 4 月 25 日为宜，以 4 月上中旬成活率最高。嫁接前 3 ～ 4 天进行“放水”，即根据砧木粗度，在基部刻 2 ～ 3 刀，深达木质部，使伤流从刀口流出。

（3）嫁接方法：以插皮舌接、双舌接及单芽枝嵌接成活率较高。其中单芽枝嵌接法与传统枝接法（如插皮舌接、双舌接、劈接等）相比，具有节约接穗，成活率高等优点。单芽枝嵌接法操作如下：剪取接穗长度 4 ～ 5 厘米，以单芽段为主的枝条（节间短的也可为双芽段）。在接穗基部、于芽的对面削一段 2 ～ 3 厘米的长削面，再在长削面的背后削 0.5 ～ 0.7 厘米长的短削面。在砧木距地面 10 ～ 15 厘米光滑处，向下竖削一刀，深度以可削去薄层木质为度，长度稍长于接穗长削面。在削片基部留 0.5 ～ 0.7 厘米位置，然后自下而上露芽绑缚。接芽萌发后于接口上方 1 厘米处剪砧。

（4）接后管理：包括除萌，肥水管理，病虫防治等。当苗高达到 30 厘米时及时解除绑缚物。

核桃嫁接苗质量等级

项目	Ⅰ级	Ⅱ级
嫁接部位以上高度 / 厘米	≥ 50	30 ～ 50
嫁接处上方直径 / 厘米	≥ 1.2	0.9 ～ 1.2
主根长度 / 厘米	≥ 25	15 ～ 25
大于 5 米长的Ⅰ级侧根条数 / 条	≥ 15	10 ～ 14
嫁接部位距地面高度 / 厘米	≤ 20	≤ 30

三、苗木包装与运输

根据苗木运输的需求，嫁接苗每 25 株或 50 株打成一捆，不同品种苗木要按品种分别包装打捆。短距离运输只要在苗子外面覆盖帆布，减轻运输环境危害；长距离运输，则应做好苗木的保水工作，将每捆苗木用塑料袋包裹苗木根系部位，外部加盖帆布，途中要及时喷水保湿。苗木运输到造林现场后，应选择避风的阴凉处临时假植，栽植时再取用。

03

第三章　核桃的生长发育规律

一、核桃枝条的分类

核桃的一年生枝条可分为营养枝、结果枝和雄花枝三种。

1. 营养枝（叶枝、发育枝） 只着生叶芽，但不能开花结果的枝条。根据其长度可分为短枝、中枝和长枝，其中长枝又可分以下两种：一种是发育枝，由上年叶芽发育而来，顶芽为叶芽，萌发后只抽枝不结果。此类枝是扩大树冠增加营养面积和结果枝的基础。另一种是徒长枝，多由树冠内膛的休眠芽（或潜伏芽）萌发而成。徒长枝角度小而直立，一般节间长，不充实。如数量过多，会大量消耗养分，影响树体的正常生长和结果，需在生产中加以控制。

2. 结果枝 由结果母枝上的混合芽抽发而成，该枝顶部着生雌花序。按其长度和结果情况可分为长果枝（大于 20 厘米），中果枝（10 ～ 20 厘米）和短果枝（小于 10 厘米）。健壮的结果枝可抽生短枝（尾枝），多数当年可形成混合芽。早实核桃还可以当年萌发，二次开花结果。

3. 雄花枝 只着生雄花芽的细弱枝，仅有顶芽为营养芽，不易形成混合芽，雄花序脱落后，只留下顶芽。雄花枝多着生在老弱树或树冠内膛的郁闭处，是树势过弱的表现，消耗养分较多。一般随着树龄增加，雄花枝也相应增加，但自枯现象较多。

二、核桃芽体的识别

根据其形态、构造及发育特点，可将核桃芽分为混合芽、叶芽、雄花芽和潜伏芽四大类。

核桃的雄花枝与雄花序

1. 混合芽 芽体肥大，近圆形，鳞片紧包，萌发后可抽生枝、叶和雌花序。早实核桃除顶芽为混合芽外，其余 2 ～ 4 个侧芽（最多可达20个以上）也可能为混合芽。

核桃雌花

2. 叶芽（亦称营养芽） 萌发后只抽生枝和叶。主要着生在营养枝顶端、叶腋间，或结果枝混合芽以下，单生或与雄花芽叠生。早实核桃叶芽较少。叶芽呈宽三角形，有棱，在一枝以上春梢中上部的中芽较为饱满。一般每芽有 5 对鳞片。

3. 雄花芽 萌发后形成雄花序，多着生在一年生枝条的中部或中下部。数量不等，单生或叠生，形状为圆锥形，为裸芽。

核桃的芽体

4. 潜伏芽(又叫休眠芽) 属于叶芽的一种。在正常情况下不会萌发。当受到外界刺激后才萌发，成为树体更新和复壮的后备力量。主要着生在枝条的基部以下，单生或复生。呈扁圆形，瘦小，有 3 对鳞片；其寿命可达数十年之久。

三、果实的生长发育规律

从雌花柱头枯萎到总苞变黄开裂，这个坚果成熟的整个过程，称为果实发育期。此期的长短因生态条件的变化而不同，北方为 120 天左右。核桃果实发育大体可分为 4 个时期。

1. 果实速生期 一般在 5 月初至 6 月初，持续 30 ～ 35 天。这是果实生长最快的时期，其体积生长量约占全年总生长量的 90%以上，重量则占 70%左右，日平均绝对生长量达 1 毫米以上。

2. 果壳硬化期(亦称硬核期) 一般在 6 月初到 7 月初，约 35 天。坚果的核壳自果顶向基部逐渐变硬，种仁由浆状物变成嫩白核仁，营养物质也迅速积累。至此，果实大小已基本定型。

3. 油脂迅速转化期 通常在 7 月初到 8 月下旬，为期 50 ～ 55 天，为坚果脂肪含量迅速增加期，可由 29.24% 增加到 63.09 %。同时，核仁不断充实，重量迅速增加，含水率下降，口味由甜淡变为香脆。

4. **果实成熟期** 8 月下旬至 9 月上旬，经历 15 天左右。此期果实各部分已达该品种应有的大小，坚果重量略有增加，青果皮由绿变黄，有的出现裂口，坚果可脱出。根据数据记录，这段时期坚果含油量仍有增加，为保证品质，不宜过早采收。

四、核桃抚育管理综述

随着现代科学技术的进步以及核桃产业的发展，在核桃抚育管护方面涌现出很多成熟的技术措施。为更好地服务群众，我们结合良种化、产业化、省力化等标准，提出了“一苗二水三肥四剪五枝六防”的配套技术口诀。意在将抽象的理论化为现实的操作行为，既方便理解记忆，又利于推广操作。

这样操作很大程度上可以扭转传统观念与管理方法，真正做到政府引导、市场调节，加强核桃抚育管护的总体要求以

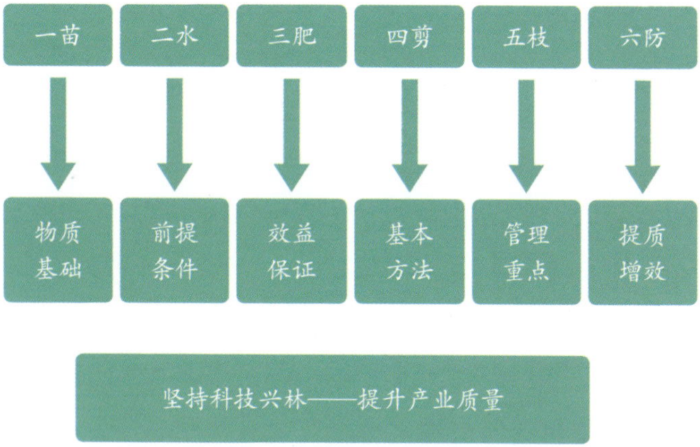

面对供给侧结构性改革带来的压力，维护核桃干杂果经济林产业健康发展的良好势头。

巩固核桃产业建设成果，最重要的衡量标准就是看群众能否增收增效，看核桃产业自身的比较优势，看核桃对经济的拉动作用。总体上看，近几年核桃的销售价格趋稳，没有太大的波动。但因品种或管理技术以及栽培条件等因素影响，政府宣传力度和市场号召力却在逐年下降。核桃产品初加工和深加工的相对滞后,也严重挫伤了群众继续发展核桃生产的积极性。

因此，加大科技宣传，建设科技示范园，培养农村科技带头人，挖掘核桃生产管理方面的“土专家”，意义非常大。维护产业的稳定，必须“向科技要效益”“向管理要效益”“向市场要效益”，只有社会各方面投入巨大的时间和精力，进一步加大支持力度，盘活从生产到加工、销售各个环节的工作，核桃产业才能有条不紊地发展。

04

第四章　核桃树的整形修剪

一、核桃树常用的修剪方法

核桃树的修剪技术基本贯穿于核桃生产管理的全过程，无论是整形，还是修剪，常用的修剪技术和方法都是相同的，只有了解和掌握核桃树基本的修剪技术，弄清与其他树种在修剪技术上的相同点和不同点，才能在日常的抚育管理中做到有的放矢、有条不紊，取得良好的效果。

1. 短截　指剪去一年生枝条的一部分。短截对象是一级和二级侧枝上抽生的生长旺盛的发育枝。主要作用是增加枝量，改善枝条的空间布局，协调生长与生殖的关系。

轻度短截

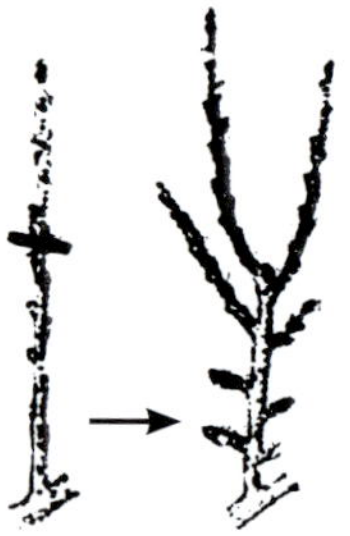

中度短截

核桃幼树期应注意多疏少截；进入结果初期后，短截可以防止结果部位外移，充实基部，并起到疏花、提高坐果率的功能。短截的程度不同，修剪反应则有较大差异。根据修剪的长度，可分为重度短截、中度短截和轻度短截三种。

①重短截：对 1 年生壮枝，剪去枝长的 2/3 左右。一般剪口下可抽生 1 ～ 2 个壮枝，下部不太饱满的芽不萌发或萌发成中、短枝，有的萌发后即枯死，特别是徒长旺枝，这种修剪方法主要用于老树更新复壮中，在幼树上则用疏枝代替。

②中短截：剪留枝条 1/2 左右，反应介于重短截与轻短截之间。剪口下可发 2 ～ 3 个壮枝，长势壮、坐果率低。下部可抽生长势中庸枝 3 ～ 4 个，结果好，坐果率高，果实种仁饱满。若幼树整形及各级延长枝的枝头修剪，可用中短截，以扩大树冠，培养结果枝组。

摘心　　　　摘心枝冬态

③轻短截：剪去枝长的 1/3 左右，剪口下抽生 1 ～ 3 个长势较旺的壮枝，其下抽生许多中、短枝。如果枝条粗壮，营养充足则抽枝壮，坐果率高，并能结好果。如剪留过长，留芽多、发枝多，则结果也多，容

短截发育枝

易使枝条转弱，基部小枝枯死，易形成光秃带，造成结果部位外移。根据生产经验，若在枝条顶部、秋梢中部、盲节上部短截，则发枝较多，生长中庸，结果枝比例高；而若在春梢中部、基部或盲节下短截，则发枝较少，枝条粗壮，营养枝比例高。因此可根据促、控的目的和需要，在不同部位进行短截。

2. 疏枝　将枝条从基部疏除叫作疏枝。疏枝的主要作用是节省营养，增强树势，改善光照，增加产量。疏枝时应紧贴枝条基部剪除，不能留桩，以利于伤口愈合。

在幼龄树和挂果初期的树上，可结合整形修剪进行疏枝；成龄树宜在秋季进行疏枝。疏枝的对象一般为直立旺枝、交叉枝、重叠枝、过密枝、细弱枝、雄花枝和背后大枝，解决内膛通风透光条件，复壮结果枝，提高结果能力；树姿直立的品种上部易发生大量旺枝，应及时疏除，否则会造成下部枝条枯死，使结果部位外移。

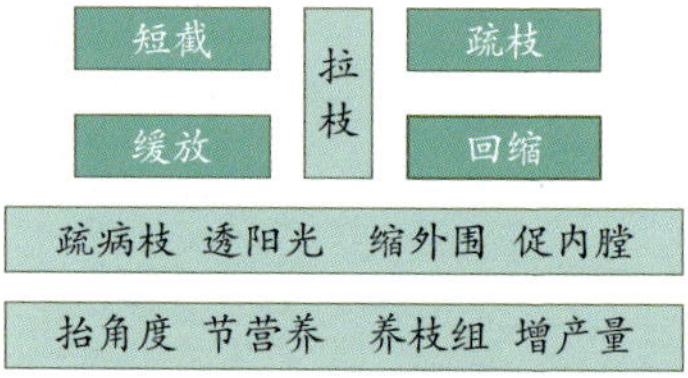

核桃树常用的修剪方法

3. 缓放　又叫长放，即对枝条不进行修剪，缓和枝条生长势，增加中短枝数量，以利于营养物质的积累，促进幼旺树早结果。长放后，不同品种、不同的枝条，反应也不同。树姿直立品种和直立生长的枝条缓放后，只有枝头抽生少量枝，且生长旺盛，

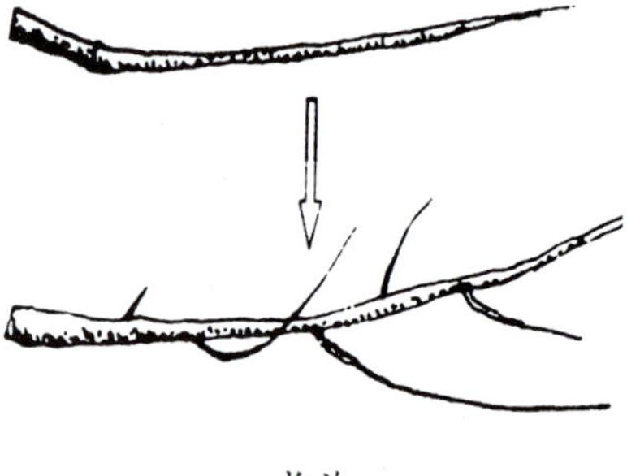

长放

中后部不发枝，易造成后部光秃，结果部位外移；而树姿较开张、角度开张的枝条缓放后，则能萌发大量分枝，坐果率高，结果部位紧凑。因此除了背上直立旺枝不宜缓放外，对其他生长旺盛的长枝进行缓放，易萌发长势近似的小枝。故这些枝条不要短截，到下一年生长一段时间后，就很容易形成花芽。对这类枝条修剪越轻，总发枝量、果枝量和坐果数就越多，二次枝数量减少，还能大大降低冬春季节核桃树上的抽条现象。

4. **回缩**　对多年生枝剪截叫作回缩或缩剪。这是核桃树修剪中最常用的一种方法。回缩时，要在剪锯口下留一个“辫子枝”，使其发展空间较大为宜。对细长下垂枝回缩至背上枝或斜生枝处，可以复壮该枝；对于大枝回缩，若剪锯口距离枝条太近，则对剪口下第一枝起削弱作用，而对其以下枝条的长

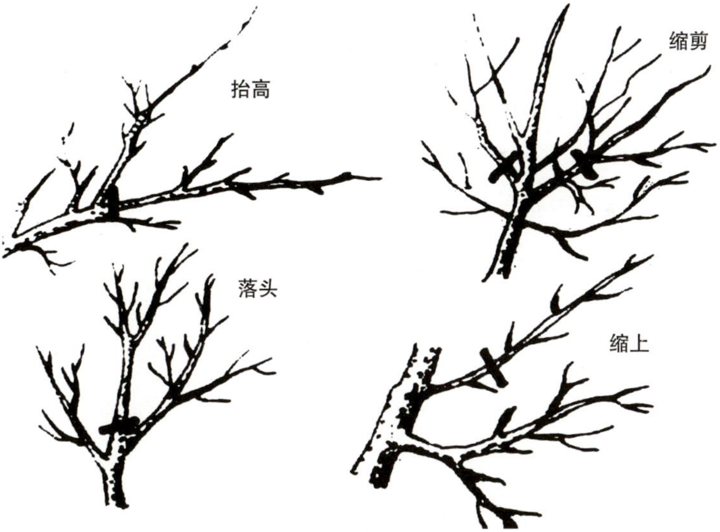

回缩的应用

势起促进作用。总之，回缩是对大骨架和结果枝组进行修剪的最佳途径。在盛果期核桃树上，要做到抬高角度、保留利用，绝不能一次性疏除下垂枝，而要本着“三抬一”“五抬二”的手法（下垂枝连续 3 年生的可剪去 1 年生枝；5 年生枝条可以剪去 2 年生枝）进行适度的回缩处理。

5. 夏季摘心 应视为短截的一种表现方法。核桃幼树从第 2 年开始，新梢生长旺盛不摘心，抽枝长度可达 1.5 ～ 2 米，应进行夏季摘心，可促进分枝，增加枝量，尽快扩大树冠，增加结果母枝量，提早结果，提早丰产。对生长旺盛、长度达到 60 厘米左右的枝条在半木质化以上部位摘心。水肥条件较好时，对一些旺长枝条可以进行连续摘心，培养较好的结果枝组。

6. 拉枝 核桃幼树的新梢生长旺盛，为促进分枝，可在 3 月下旬或 8 月底 9 月初拉枝。正确的拉枝方法是：将基角打开，一般呈 45° ～ 50°，腰角为 70° ～ 80°，要保持骨干枝向斜上方延伸，不能使延长头下垂，削弱长势，甚至造成枝条紊乱，消耗营养，导致早衰。

7. 疏除雄花 核桃的授粉只需要极少量的花粉，过多的雄花会消耗大量养分。可在 3 月下旬至 4 月上旬，尽早尽快疏除核桃树体上的雄花芽，这样可以大大增加养分的集中供给，提高坐果率，增加产量。方法是：用杆长 1 ～ 2 米的木钩把枝条拉下或上树人工摘除雄花芽，并将内膛枝条上的雄花芽全部疏除。疏除雄花枝或雄花芽，可以节省树体大量养分，更好地促进雌花和发育幼果。这项工作可以结合精细修剪同步进行，遗漏的雄花完全能够满足授粉需求。

二、核桃树的整形技术

1. 疏散分层形 树体成形通常有 6 ～ 7 个主枝，分 2 ～ 3 层配置。特点：成形后树冠呈半圆形，通风透光良好，寿命长，产量高，负载量大，适于生长在条件较好的地区。中央领导干应选长势较壮、方向接近垂直者培养，并按不同方向均匀选留 2 ～ 3 个邻近枝作第 1 层主枝，基角 60° 。栽后 4 ～ 5 年，选留第 2 层主枝 2 个，上下两层主枝间隔距离 0.8 ～ 1 米，以免枝叶过于茂密，影响通风透光。栽后 5 ～ 6 年选留第 3 层主枝 1 ～ 2 个，保持二三层间距 0.8 ～ 1 米。在第 1 侧枝对面留第 2 侧枝，距第 1 侧枝 0.5 米左右；距第 2 侧枝 0.8 ～ 1.2 米留第 3 侧枝。这是合阳县田地核桃树形的理想选择。

疏散分层形

2. 自然开心形 该树形没有明显的中心主干，成形快，结果早，结构简单，光照条件好，整形容易，便于掌握。适于土层较薄，土质较差，肥水条件不良的地区和树形开张的品种。干高因核桃品种和栽培管理条件不同而不同。在肥

自然开心形

沃土壤条件下，干性较强或直立的品种，干高为 0.8 ～ 1.2 米；早期密植丰产园，干高多为 0.4 ～ 1 米。自然开心形不分层次，可留 2 ～ 3 个主枝，每个主枝选留斜生侧枝 2 ～ 3 个。方法基本同疏散分层形。但第 1 侧枝距中心应当稍近，如留 2 个主枝为 0.6 米，留 3 个主枝为 1 米。整形期间应注意调整各主枝间的平衡，防止背后侧枝与主枝延长枝的竞争。在选择核桃树形时，可以根据自己栽植的密度、品种、水肥条件、立地条件及管理技术的不同决定适合自己园地的树形。

疏散分层形整形方法

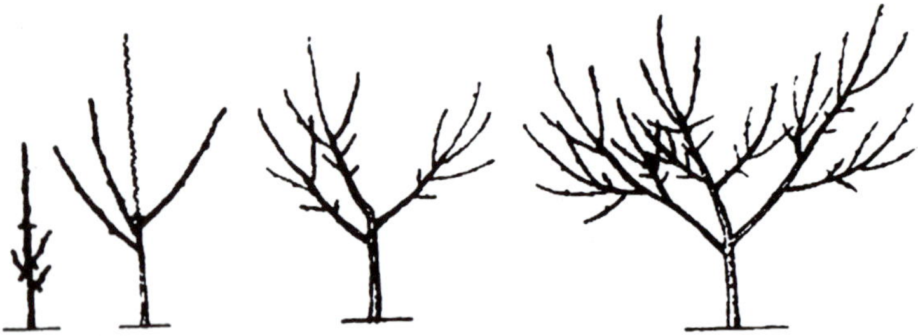

自然开心形整形方法

3. 核桃树定干技术 主要针对树干的高度来培养树干。树干的高低对于冠高、生长、结实、栽培管理、间作等关系极大，应根据核桃树的品种、生长发育特点、栽培目的、栽培条件和栽培方式等因地因树而定。

（1）定干高度：综合考虑农业机械化程度，便于后期的抚育管理，大面积栽植的核桃定干高度要稍微高一些。早实核桃由于结果早，树体较小，干高可留成 1 ～ 1.2 米，加上整形带的长度，定干的高度应接近 1.5 米。

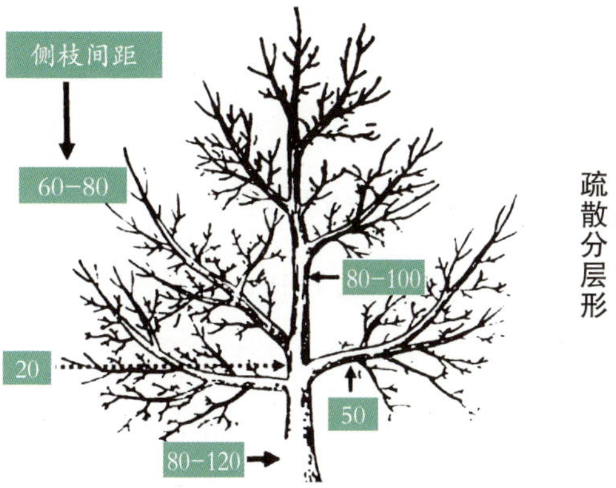

核桃树体结构示意图

在生产实践中，骨干枝的培养需要几年时间，而且受各种条件影响。因此在保证第一骨干枝高度的基础上，可以根据核桃树的生长状况选择定干高度。

（2）定干方法：当苗木达到定干高度时，可通过选留主枝的方法进行定干。具体做法是：春季发芽后，在定干高度的上方选留一个壮芽或健壮的枝条，选作第一个主枝，并将该枝或萌发芽以下的枝芽全部剪除。如果幼树生长过旺，分枝时间

盛果期核桃树修剪状

延迟，则为了控制干高，可在要求干高的位置上方适当部位进行短截，促使剪口芽萌发，然后再选留第一主枝。对于分枝力强的品系，只要栽培条件较好，也可采用短截的方法定干。如果栽培条件差，树势好，若采用短截法定干，容易形成开心形，故弱树不宜采用短截定干的方法。这就是所谓“高截低留定干法”。考虑到目前劳动力结构的变化，核桃树的定干高度应稍微高些，以便于进行机械化抚育管理。

三、核桃树各类枝条的修剪方法

1．结果枝组的培养　良种核桃结果枝组的培养是增加产量、稳定树势、延长结果年限、防止结果部位外移、防止早衰的重要措施。在生产中可以根据栽培品种、栽培条件、管理水平和树势组成灵活掌握运用，目前培养结果枝组的方法有三种。

（1）先放后缩：即对 1 年生壮枝进行长放和拉枝，一般能抽生 10 多个果枝新梢；第 2 年再进行回缩，培养成结果枝组；

核桃枝组修剪状态及护理药品

（2）先截后放：在空间较大，培养大型结果枝组时，先对 1 年生壮枝中短截，在第 2 年疏去前端的 1 ～ 2 个壮枝，其他枝长放，从而培养成结果枝组。

（3）摘心回缩：在 6 月上旬进行新梢摘心，促使分枝，冬剪时再回缩，1 年即可培养成结果枝组。

结果枝组形成后，每年都应不同程度地短截部分中长结果母枝，控制留果量，防止出现大小年现象。及时疏除过密枝、细弱枝和部分雄花枝，直立生长的结果枝组剪留不能过高，留枝 3 ～ 5 个即可，以防扩展过大，影响主、侧枝生长。斜生枝组空间较大时，可适当多留枝，充分利用空间，及时采用回缩和疏剪的方法，去下留上，去弱留壮，缩外促内，更新结果母枝，使其始终保持健壮生长，防止内膛秃裸，结果部位外移。

2. 骨干枝修剪 及时回缩交叉的骨干枝，使过弱的骨干枝回缩到生长较好的侧枝上，以抬高延长枝角度。将树高度达到 4 米以上的要及时落头。

技术人员进行现场示范

技术服务队正在整形修剪

3. 辅养枝改造 对有空间的辅养枝，在幼树期可以进行合理利用，当树体逐渐郁闭，辅养枝的作用就完成了。可通过回缩方法培养成大型枝组，一般采用先放后缩的办法，枝组的位置以背斜枝为好。背上只留小型枝组，不留背后枝组。枝组间距离控制在 60 ～ 80 厘米。

4. **背下枝处理** 核桃树大量结果后，背上枝生长变弱，背下枝生长变旺，形成主、侧枝头“倒拉”的夺头现象，这是核桃与其他果树的重要区别之一。

对背下枝的处理方法有三种：①如果原枝头开张角度小，可将原枝头剪掉，以背后枝取代；②如果原枝头开张角度适宜或较大时，可以及时疏除背下枝；③如果背下枝长势中庸，但不影响树体结构，可以利用它先结果，然后通过逐步回缩形成小型结果枝组直至最后全部疏除。

5. **徒长枝处理** 徒长枝在结果初期一般不留，以免扰乱树形；在盛果期，有空间时适当选留，及早采取短截、摘心等方法，改造成枝组。徒长枝是老树赖以更新复壮的枝条，盛果期后要区别加以利用，尽量延长结果年限，增加经济收入。对辽核 4 号这样的品种，上部徒长枝应及时疏除。

6. **二次枝处理** 幼龄核桃树易形成二次枝，由于二次枝抽枝晚、生长旺、枝条不充实，基部很长一段无芽，容易变成

徒长枝的修剪

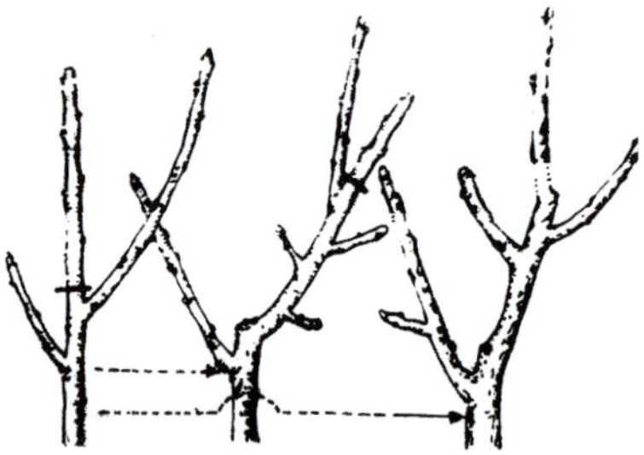

二次枝的修剪方法

光秃带，应及时处理。方法有以下三种。

①当有空间时，且抽生了一个二次枝，可在夏季进行连续摘心，控制旺长，将其培养称一个小型结果枝组。

②如果抽生了2～3个二次枝，应坚持去弱留强，先疏除后摘心，促其形成结果母枝；无空间时也要及时疏除弱枝。

③如果抽生了3个以上的二次枝，但枝组空间有限，没有利用价值，可在二次枝抽生初期尽早疏除。

7. 密植园的处理 核桃树定植5～6年后，树冠开始交接，修剪任务由单株培养变为整园的综合管理。当整个核桃园空间全部郁闭，对临时树的骨干枝要进行回缩控冠，为永久树让路，保证永久植株的正常生长。当生长到7～8年，临时植树已无生长空间时，要及时清除老弱树。也可以在建园初期就减小造林密度，规避这种矛盾。

核桃专家田间授课

四、核桃树的四季修剪

核桃树的修剪时期与其他果树不同。如果修剪时期不对，则会出现“伤流”现象，使树体养分流失，造成树体衰弱。一般情况下分休眠期与无伤流期修剪；而根据修剪目的的不同，又可分为春季、夏季、秋季、冬季四个修剪时期。不同修剪时期修剪，出现的问题不同，则修剪的效果也不同。

1. 春季修剪 春季修剪是指在核桃树发芽后至展叶前所进行的修剪。由于气温不断回升，树体发芽后，根部贮存的营养不断向上运送，养分开始转化。此时也是树体需要养分最多的时期，如果进行修剪就会出现“伤流”现象，必将损失很大一部分养分，削弱树势，降低坐果率，影响产量，降低品质，从而减少收益。但对于未结果树或生长过旺的树，此时修剪则能很好的控制枝体生长，削弱树势，提早结果。所以若核桃树进入初果期,则不宜在春季修剪;而对于生长过旺与不结果的树，修剪则可以促进促其早结果。

2. 夏季修剪 夏季修剪必须掌握好修剪时期，修剪后气温若达到30℃左右，核桃果暴露，易造成灼伤，品质下降，从而降低效益。夏季修剪应安排在5月下旬开始，至6月底完成最佳。此时修剪可以结合采接穗进行，以短截为主且留外芽或侧芽，并留出层间距；疏除过密枝，回缩下垂枝。剪后必须加强肥水管理，具体做法：从6月底开始喷施磷酸二氢钾300倍液，10天一次，直到落叶前结束。7月以后停止施用氮肥，增施磷、钾肥；8月至落叶前不浇水；9月中旬喷施多效唑控制生长，增强修剪效果。

“结对子”技术包联服务

3. **秋季修剪** 在核桃采收后至叶片发黄以前进行（9 月中旬至 11 月初）。此时叶片未落，无伤流现象，过密枝、遮光枝容易看出，将其疏除，以利于通风透光。但此时养分并未回流完毕，剪掉的叶片与枝条均带有大量未回流的养分，剪锯口到冬季如遇温度不稳定仍会出现伤流，而且直径小于 1.5 厘米的枝条抽条略重（大约 2 厘米左右）。所以秋天适宜对弱树、老树、山坡地核桃树的修剪，此时无伤流利于动大枝，以促进树壮。

4. **冬季修剪** 理论上冬剪最佳时期为大寒至立春之间为宜。核桃树伤流一般从落叶后开始，到来年春芽萌动后停止。但是整个休眠期并非都有伤流，当温度在 0℃上下波动时，伤流时有时无；当温度稳定在 0℃以上或以下时间较长时，伤流表现为微量或不发生。另外伤流大小与树势、环境及当年墒情有很大的关系，树体的伤流量会随枝条级次的增高而降低。只要根据每年温度及气候的实际情况，抓住有利时机进行冬剪是可行的，但应抓住关键时期修剪中、小枝。此时修剪还可缓解春、秋季与农忙在时间上的冲突。冬季修剪可结合采集接穗同时进行，根据自己的栽植面积和管理技术，以 3 月中旬前完成修剪任务为宜。

冬季修剪状与第二年生长状况对比

从现有资料来看，若核桃树春季修剪，则营养和器官的损失最大；秋剪次之；而夏季和冬季修剪均可与生产紧密联系。所以只要区分不同的树势，采取合理的修剪方法，谨记“冬剪强树，夏剪树弱”的阶段性表现，就会取得很好的修剪效果。同时，核桃树修剪应遵循以下几点：加大夏剪修剪力度，搞好剪后管理工作；秋、冬剪相结合进行，秋剪大枝，冬剪小枝。可以根据自己实际情况，选择适合自己的修剪时期。

5. 核桃树的休眠期修剪的任务 核桃树休眠期（冬季）修剪的主要任务有四点：一是调整树体结构，做到大枝分布均匀，占满地盘，骨架牢固，整体通风透光。在此基础上大枝越少越好，过多的大枝要果断去掉，达到结构合理。二是均衡树势，做到主枝生长势基本平衡。平衡树势的方法是：“势弱留高，势强留低”。即生长势弱的主枝要抬高枝头角度，用斜上枝带头；而生长势强的主枝应压低枝头角度，用平斜枝带头。三是调节负载量，根据枝条强壮选留结果母枝。枝条壮的多留结果母枝，可选中庸偏弱的结果母枝结果留下；枝条弱的要少留或不留结果母枝。四是及时更新大主枝。连续结果 3 ～ 4 年后，所抽生的结果母枝分枝会由于级次过多而变得非常细弱，结果能力会变得极低。此时需果断进行主枝的更新复壮，方法是在基部保留 5 ～ 10 厘米回缩。

核桃树休眠期修剪

五、核桃不同树龄的修剪方法

1. 幼树期修剪 这一时期树体的修剪任务是培养树形，加速扩大树冠，促进分枝，形成各类枝组，提早结果。修剪要点包括以下几个方面。

（1）定干：幼树定植后，未达定干高度的，在一二年内，不进行修剪。由幼苗顶芽萌发直立生长，形成较粗壮枝条。当幼树生长至定干高度时，需在整形带上部短截定干，这样发枝快且枝条健壮，便于培养整形。

幼树拉枝与修剪涂白

行带状覆盖地膜

（2）中心干培养：定干后，选留剪口下第一个直立的新梢作为中心干，一般不短截；由顶芽萌发新梢，继续培养作为中心干。长至第二层主枝培养的高度时，可将中心干短截，促使分枝形成第二层主枝。以后继续由顶芽延伸生长。到达第三层主枝培养的高度时，再短截中心干，促使分枝形成第三层主枝。当第三层主枝形成后，可不再继续培养中心干。

（3）主枝培养：核桃树各层主枝原则上利用主枝延长枝的顶芽萌发成枝，扩大树冠，不进行短截。但到达分生侧枝的长度时，需短截主枝的延长枝，以促进分枝，培养侧枝。

（4）侧枝培养：短截主枝延长枝后分生的侧枝，原则上也可以使顶芽萌发成枝，扩大树冠。但延长枝过长并光秃时，应短截以促生分枝，使枝条均匀分布，将来侧枝会逐步转为大型枝组。

2. 结果树修剪　从核桃树结果初期开始，要有计划培养强健的结果枝组，增加结果部位，扩大结果面积，从而提高幼树产量。进入结果盛期，随着树冠的扩大和结果部位的增加，容易出现树体生长与结果的矛盾，这一时期的修剪任务主要是调整树体营养生长与生殖生长的关系，改善树冠内的通风透光条件，从而达到高产、稳产的目的。在修剪上主要是平衡树势，缓放或短截壮枝，缓和其长势，增加枝量，及时回缩更新复壮结果枝，防止枝条早衰。继续培养结果枝组，利用好辅养枝和内膛徒长枝，防止树冠内膛空虚和结果部位外移。及时处理背后枝、下垂枝和密集枝，防止树冠郁闭。

3. 盛果期修剪　核桃树定植后20年左右，进入大量结果期，其盛果期可达百年以上。此时树体已经停止扩大，产量逐年上升，树冠逐渐开张，结果部位逐渐外移，部分小枝开始枯死，出现隔年结果（大小年）现象。此时修剪目的是维持各级骨干枝的从属关系，平衡树势，调节生长与结果的比重；改善光照，及时更新衰弱枝条；延长结果年限，提高产量和品质。修剪要点包括以下两点。

（1）骨干枝修剪：树冠成形后，通过落头将树高控制在第三层主枝上，主侧枝的延长枝不再继续培养，控制树冠、调节光照。由于生长在主、侧枝背后的下垂枝，生长能力往往强于主、侧枝，会大量消耗营养。所以应回缩下垂部分，抬高枝条角度，将其培养成结果枝组，限定生长在一定的位置和空间。如果没有空间，可彻底疏除，以保证主、侧枝的正常生长。

（2）结果枝组修剪：树冠内的大型枝组如果水平延伸过长，便后部出现光秃时，应将其回缩短截到适当的分枝处，以促进后部萌发新枝，培养新的枝组。交叉、密集、重叠的枝条，可适当疏除或回缩。树冠内发生的健壮发育枝，可用去直留斜、先放后缩的办法培养成中、小型枝组。对徒长枝，若部位和空间适宜可在夏季摘心，秋季将春天生长的枝条的育节处短截，以促进分枝培养枝组。生长势较弱枝组应去弱留壮、去老留新，以进行更新复壮。

4. 衰老树修剪 衰老核桃树会出现枝梢大量枯死，树冠缩小，产量下降的现象。但此时也会有内膛多徒长枝，即出现自然更新现象。此期修剪任务是更新骨干枝和枝组，恢复树势，延缓衰老。修剪要点包括以下几个方面。

（1）骨干枝更新：衰弱骨干枝应选择在有分枝处适当回缩；或选新萌发的徒长枝代替原来骨干枝，重新形成树冠。核桃树潜伏芽的寿命较长，数量较多。回缩骨干枝后，潜伏芽容易萌发成枝，可根据需要进行选留，培养骨干枝或结果枝组。

（2）枝组更新：即将大、中型枝组回缩、短截到健壮分枝处。小型枝组去弱留壮、去老留新。树冠内出现的健壮枝和徒长枝，应尽量保留培养成各类枝组，以代替老枝组。另外应多疏去雄花序，以节约养分。

六、核桃放任树的修剪技术

在一些老核桃树产区，任其自然生长，不进行整形修剪的现象比较普遍。或既使修剪也是简单修剪，去大枝，除萌蘖，剪除些病虫枝、枯死枝；使枝条紊乱过密，有冠无形；最后结果部位外移，树冠内膛空虚，核桃产量很低。对于此类长放的核桃树应在加强土、肥、水管理的基础上，采取适当的修剪措施加以改造，这是促进核桃树丰产的唯一有效途径。要注意以下几个方面的技术要点：

核桃放任树形

结果部位严重外移

1. 落头去顶 放任核桃树的修剪要点和盛果期树的修剪方法基本一样。首先是落头去顶，在第三层的最高部位去除主枝头，增加树冠内的光照。

2. 利用大枝 大枝过多是放任核桃树的主要矛盾。会严重影响树体的通风透光，花芽分化，果实品质及翌年的产量，所以该重点处理好大枝结构。修剪时要对树体全面分析，重点疏除树体的重叠枝、并生枝、交叉枝和病虫枝。为了避免一次疏除大枝过多，可以对交叉枝适当回缩，分年度处理。

另外，对于长势较旺的壮龄树也应分年度进行疏除，避免长势更旺。

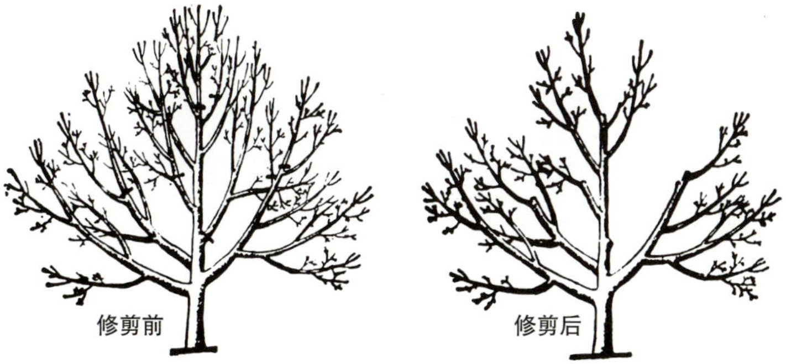

核桃放任树修剪前后比较

3. 处理中型枝 将大枝处理后，改善了树体的通风透光水平，为复壮树势、充实内膛创造了条件，但局部枝条仍会密集。中型枝是生长在中央领导干和主枝周围的多年生枝。处理中型枝时，要选一定数量的侧枝，然后疏除过密枝和重叠枝，延长下垂枝，以促生分枝复壮枝头，充实树冠内膛。

4. 外围枝的调整利用 通过对个别大枝和中型枝的疏除，基本上解决了放任生长大枝过多的问题。对于树冠外围枝，必须适当回缩，抬高角度。衰老树的外围枝大部分是中短果枝和雄花枝，需要适当疏除和回缩，用粗壮的枝条替代换头。

5. 内膛枝组的培养 利用内膛枝的枝形改造，培养结果枝组，常用有两种方法：一是先放后缩，二是先截后放，而对中庸徒长枝应先短截后长放。用这种方法培养出的枝组较多，树体结果能力增强，寿命延长。

05 第五章　核桃树高接换优

多年生核桃的高接换优，过去一直沿用插皮舌接。但技术上成功突破方块芽接后，我们也可以将其用于大树改造。两种方法相比，方块芽接的优点突出有以下几点：一是可以不做放水处理，这样不会因放水过度而削弱树势；二是嫁接成活率高，省时、省力、省接穗，成本低；三是接芽数量多，树冠恢复快。但方块芽接也存在一些问题：若嫁接部位枝条较粗或粗细不匀，则会造成接芽和嫁接部位皮层厚度不匹配，不易操作，使嫁接成活率低，枝条生长不整齐，园景杂乱，不便整型；但是若从嫁接易于操作和保持高成活率方面考虑，嫁接部位又多在枝梢部位，则易造成枝条基部光秃，结果部位人为外移，极不利于当前小冠密植核桃园的优质丰产方针。针对这些问题，我们可对多年生大树做净干处理，之后再进行嫁接，效果极佳，在河北赞皇县及陕西蒲城县都有这种生产实践。主要技术要点如下。

一、适宜核桃砧木

适宜主干直径在 8 厘米以上，分枝粗细不匀、分布不合理的核桃砧木。

二、核桃砧木的净干和预接新梢培养

根据核桃砧木的主干粗细、树体长势和肥水条件确定定干高度，准备嫁接新梢的数量。主干定干高度为 1.6 ～ 2.5 米，预留新梢 7 ～ 12 个。原则是主干越粗、树势越强，肥水条件越好，主干定干高度越高，预接枝也越多。也可根据离地面 1 米处的干径大小确定留枝量。干径 5 ～ 6 厘米时，留枝 4 ～ 5 个；定干高度 1.2 米，以后干径每增加 1 厘米，树体高度再提高 1 ～ 2 米 。

休眠期进行净干

净干后状况

定干高度确定后，要于春季核桃萌芽前，将树体从定干高度处剪截，主干上的所有分枝全部从基部疏除，只剩一个光杆。春季核桃萌芽时，从主干高 0.8 ～ 1.2 米处开始留芽，所留芽间隔 20 ～ 25 厘米，呈螺旋状上升，错位排列，培养充足的预接新梢。除所留芽外，其他萌芽应全部及时抹除。待预接新梢长到 30 ～ 40 厘米时摘心，促进枝条加粗生长。再次萌芽时，顶芽应留 1 ～ 2 片叶再摘心，顶芽外的其他芽也要及时抹除。当预接新梢直径粗度达 1.2 厘米以上时，就可以进行芽接。

春季发枝情况及生长量调查

三、嫁接前准备

嫁接前若土壤墒情不足，可提前 3 ～ 5 天要对砧木浇水。

四、接芽采集和贮藏

在优种采穗圃或优种母树上选择无病虫害、生长健壮的新梢（发育枝或果前梢），从基部剪下后，立即将新梢上的叶片留 1.5 ～ 2 厘米叶柄剪下，即刻用准备好的湿麻袋包严，以防失水。条件许可最好现采现用，否则要妥善保存，所采集的接穗最多存放 3 天。

五、接芽时间

时间应安排在 6 月中下旬，应选择晴朗无雨天嫁接。芽

适时嫁接

接芽萌发

接时，选饱满芽，在芽上 1.5 ～ 2 厘米处和芽下 2 ～ 2.5 厘米处各横切一刀，深达木质部位。在芽两侧再各纵切一刀，两刀间隔以 1.2 ～ 1.5 厘米为宜，取下芽片，取芽片时一定要带上维管束。在预接新梢基部 10 厘米处，上下各横切相距和接芽芽片长度一样，或不大于芽片 0.2 厘米的一刀，在外侧纵切一刀。随后用芽接刀在开口一侧将预接新树梢皮挑开，撕去同样宽的皮。将接穗上取下的芽片迅速镶到预接新梢开口处，之后用塑料条自下而上进行叠压露芽绑缚。接好后在接芽上留 3 ～ 4 片叶剪砧。

六、芽接后管理

接芽萌芽前，应对砧木的萌芽及时抹除。接芽萌芽时，还要注意防治虫害（主要是金龟子和刺蛾），从嫁接口上侧二次剪砧。接芽长到 15 厘米时，解除绑缚，及时追肥浇水。接芽长到 30 ～ 50 厘米时，需拿枝开角，然后绑缚支架以支撑保护，以防风折断树枝。进入 9 月份后，要控制浇水，以防止徒长，应促进枝条充实，安全越冬。

七、高接后管理

1. 放风 高接后 15 ～ 20 天接穗即可萌动发芽，抽枝展叶。

高接换优当年长势

第二年生长性状调查

这时应每隔 2 ～ 3 天观察一次，对展叶的接包及时进行通风，即用刀尖将塑料袋的上端打开一个小口。让嫩梢尖端伸出，放风口要由小到大，不可一次打开，更不能轻易过早把袋子去掉。放风必须适时，放风早了，接穗上的嫩芽易干枯死亡；晚了，抽生的嫩芽易发生日灼现象。

2. 除芽 当接穗芽子萌发后，要及时抹除砧木上的萌芽，以免影响接穗的生长。但要避免一次抹芽到位，防止意外损伤。若接穗上的芽子未能萌发（或已枯死）时，砧木上的芽子要适当保留一部分。以便恢复树冠，待第二年后改接，否则会导致砧木死亡。

3. 设支撑、防风折 当新梢生长到 30 厘米时，要及时在接口处绑缚长 1.5 厘米左右的支柱，将新梢轻轻绑缚在支柱上以防风折，随着新梢的生长要绑缚 2 ～ 3 次。

4. 摘心 当新梢生长到 60 厘米时，要及时摘心，以增加分枝，促进木质化。

5. 及时防治病虫及冻害 核桃害虫主要有云斑天牛、金龟子和叶蝉等。要及时捕捉云斑天牛成虫，同时用 1 000 ～ 1 500 倍的敌敌畏或 3 000 倍磷胺喷布叶面 2 ～ 3 次，以防治食叶和枝干的害虫。有冻害的地方，冬季还应用草包裹新枝或用石灰水对枝干涂白，以防冬季冻害。

八、高接树的整形修剪

高接树的整形是促进改接树尽快恢复树冠、提高产量的重要措施。改接树当年由于树体营养集中消耗，发枝量较多且较长，如不合理修剪会促使枝条侧芽大量萌发，造成枝条紊乱，同时形成大量果枝，结果后下部枝条会枯死，难以形成主次分明的合理树体结构。早实品种比晚实品种在主干上高接比在主枝多头高接的表现更为突出。因此，在高嫁接 2 ～ 4 年，要注意侧枝的选留，将其培养为新的树体骨架。树形一般培养成主干流层形为好，分 2 ～ 3 层，5 ～ 7 个主枝。整形宜早不宜晚，要在 5 年内完成。早实品种成花率高，结果早，易早衰，为防止大量结果而引起的树势衰弱和产量下降，应增加枝条修剪量。幼树、初果树修剪的主要任务是培养各级骨干枝，使其形成良好的树冠骨架，要及时控制顶端优势和背后枝，调节各级骨干枝长势，更新复壮苗结果枝组，调节生长与结果的矛盾，改善通风透光条件，克服大小年现象，保证树体丰产稳产。

九、高接后树的土肥水管理

高接后 1 ～ 3 年内树势生长旺盛，产量上升较快，除合理修剪减少果枝量外，同时还要加强土肥水管理，这样才能保证改接树的正常生长发育，树冠的形成和产量持续提高。

一是扩盘改土：对生长在地势平缓，长期荒芜，杂草丛生地方的高接树，应于每年春末或秋末，在树冠下翻耕 1 ～ 2

高接换优第 4 年结果性状与调查

次，深度 15 ～ 30 厘米。对立地条件较差、坡度较大的地方，要通过挖水平阶、鱼鳞坑、修筑树盘等工程措施，达到蓄水保墒，消灭虫卵、杂草的目的；对地处土壤黏重地方的核桃树，应在秋末于树冠外围挖宽 80 厘米，深 30 ～ 50 厘米的环状沟槽，将炉渣、秸秆与土混合填入，以改善土壤理化性质。

二是合理间作及中耕：凡是能够间作的高接园，都要适当进行间作，间作物以豆类、薯类、浅根性中药材及绿肥为主。

三是增施肥料：早春或秋末结合深翻，在树冠下挖环状或辐射状沟槽，深 25 厘米，施入基肥，然后覆盖。盛果期树每株每年施圈肥 100 千克或人粪尿 50 千克，花前花后追肥施尿素 1 ～ 1.5 千克，磷酸二铵（DAP）1 千克，幼树、衰老树可视其树势情况酌情增减。

06 第六章　核桃的肥水管理

核桃喜肥，根据资料显示，每收获 453.3 千克核桃就要从土壤中吸取走纯氮 12.25 千克。丰产园每年每 100 平方米种植的核桃树要从土壤中吸收氮 90.7 千克。所以适当施氮肥，可以增加核桃出仁率，氮、钾肥还可以改善核仁的品质。故核桃的肥水管理是周年综合管理技术体系中最重要的环节。

一、根据树龄，科学施肥

根据核桃不同时期的个体发育规律，一般将其分为幼龄期、结果初期、盛果期和衰老期四个时期，每个时期的需肥特点也各不相同。

1. **幼龄期**　从长出幼苗开始到开花结果前，嫁接苗从嫁接开始到开花结果前，均是核桃树的幼龄期。此时，营养生长占据主导地位，树冠和根系快速地加粗生长，为迅速转入开花结果积蓄营养。栽培管理和施肥的主要目的是，促进树体扩根扩冠、加大枝叶量。此期应大量满足树体对氮肥的需求，同时注意磷、钾肥的施用。

2. 结果初期 指从开始结果至大量结果，且产量相对稳定的一段时期。此时营养生长相对于生殖生长逐渐放缓，树体继续扩根扩冠，主根上的侧根和毛细根大量增生，分支量和叶量增加，结果枝大量形成，角度逐渐开张，产量逐年增长。栽培管理和施肥的主要目的是保证植株良好生长，增加枝叶量，形成大量的结果枝组，树体逐渐形成。此期应适当增加磷、钾肥的施用量。

3. 盛果期 这时核桃处于大量结果期，营养生长和生殖生长处于相对平衡的状态，树冠和根系已经扩大到最大，枝条、根系均开始更新，产量、效益也处于高峰阶段。此期，应加强施肥、灌水、植保和修剪等综合管理措施，调节树林营养平衡，防止出现大小年结果现象，并延长结果盛期的时间。因此，此期树体需要大量营养，不但要补充足量的氮、磷、钾营养要素，增施有机肥也是保证高产稳产的有效措施。

4. 衰老期 此期产量开始下降，新梢生长量极小，骨干枝开始枯竭衰老，内部结果枝组大量衰弱甚至死亡。此期的管理任务是通过修剪，对树体进行更新复壮，同时加大氮肥的供应，促进营养生长，恢复树势。另外，及时补充营养核桃树的需肥临界点，这是以核桃根系的生长特点为基础，促进树体营养生长和果实的生长发育为目的的一种管理技术。考虑到肥效发挥的时期往往要推迟几天，所以，应该根据施肥的目的，在临界期之前完成施肥任务。比如，迟效性有机肥的肥效发挥作用时间晚，但是持续时间长，而且各种营养成分比较均衡。氮肥施入后，需要在适宜的温度条件下经过氨化过程，才能被根系吸收。一般在 30℃时，转化时间为 3 天左右。在春秋时节，则需要 1 周的时间，所以施肥时间的安排比较重要；错过了这个临界温度，即使后面进行了施肥，肥效作用的发挥也会大打折扣。

根据核桃的生长特性，除基肥外，每年至少要进行两次追肥。第一次在 3 月中下旬，可以促进枝叶生长。叶片进行光合作用制造营养，供应果实迅速生长。第二次在夏季管理时进行，以 5 月下旬或 6 月上旬为宜，这时追肥不但能促进花芽分化，为来年的生长打好基础；同时也可以增加产量，改善果实品质，提高经济效益。

二、综合施肥，提升经济效益

根据核桃树的发育特点及其需肥量，选择适当的肥料种类，应把握几个关键时期进行施肥。一般情况，核桃树的施肥包括基肥、追肥和根外追肥（叶面喷肥）三种，随着规模化、专业化程度的加深，微量元素的补充也逐渐进入生产管理范围。但无论如何，施肥时应注意做到“基肥饱，追肥少”。

1. 基肥 基肥又称底肥，多以施用迟效性有机肥为主。基肥能够在较长的时间内，为树木生长发育提供多种营养，而且能很好地改良土壤性状。基肥可以秋施也可以春施，但以秋季为好。

现场技术指导

提前准备有机肥

秋季核桃果实采收前后树体内的养分被大量消耗，而根系却处于生长高峰，花芽分化也处于高峰时期，急需补充大量的养分。此时施肥，可以满足树体的营养需要。与此同时，由于根系旺盛生长，吸收大量的养分，加快了有机肥的分解和吸收，也可以提高树体营养水平，保证枝芽的充实健壮，提高抗寒力，并且对促进翌年花芽的继续分化和生长发育均有明显的效果。所以秋施基肥越早越好，错过此期就不能及时补充树木所需养分，影响花芽分化质量。

由此可知，核桃基肥最好在采收前后（9月份）施入；如果时间安排不允许，最迟可延迟到11月上旬。

基肥的用量：可以按照幼树每亩施1 500～2 000千克，成龄树施3 000千克以上。

基肥施用方法：幼树宜采用环状沟施法，结合扩盘进行，沟宽40～50厘米、深30～40厘米，逐年向外扩展。成龄树可采用全园撒施，撒施后将肥料埋入土内20～30厘米；也可采用放射沟或条状沟施法，沟宽40～50厘米、深30～40厘米。以上施肥方法应隔年交替轮换采用，直致覆盖全园。

核桃树年施肥量标准

时期	树龄（年）	每株平均施肥量（有效成分）/g			有机肥 /kg
		氮	磷	钾	
幼树期	1～3	50	20	20	5
	4～6	100	40	50	5
结果初期	7～10	200	100	100	10
	11～15	400	200	200	20
盛果期	16～20	600	400	400	30
	21～30	800	600	600	40
	＞30	1 200	1 000	1 000	＞50

追施基肥一定要把握好以下准则：“突出一个早字，保证一个足字，讲究一个巧字”。一定要在植株重要的需肥时间节点之前追施肥料，因为肥料需经过性状转换，才能被植株吸收利用，从而减少管理成本的损耗。遵循科学的施肥方法，肥效可提高 30％～80％，增产效果更加明显。

2. 追肥 追肥的施入时间主要是在核桃生长期间进行，它是对基肥的一种补充。追肥以速效性肥料为主，如尿素、碳酸氢铵等，有条件的地方可施用腐熟后的人畜粪尿。追肥一般每年进行 2～3 次。

追肥的用量：在分析树体及土样测试的基础上，根据不同品种、土壤肥力水平、树势、生长发育时期及平衡施肥的原则，提出施肥量。一般按树冠投影面积计算，幼树 1 平方米施氮肥 0.2 千克、磷、钾肥各 0.3 千克、农家肥 10 千克；结果树施氮肥 0.2 千克、磷、钾肥各 0.1 千克、农家肥 20 千克。

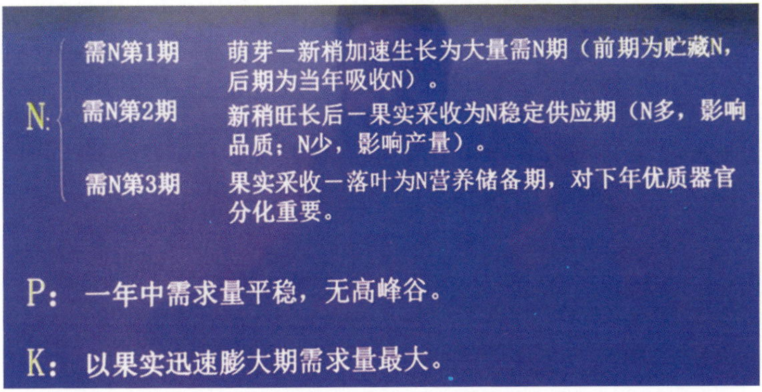

第 1 次追肥是在开花前或展叶初期进行，以速效氮为主。主要作用是促进开花坐果和新梢生，追肥量应占全年追肥量的

50%；第2次追肥在6月份生长盛期，以速效氮为主。主要作用是满足营养生长和生殖生长对养分的需求，以促进果实发育和新梢生长，减少落果，有利于花芽分化；第3次追肥在7月份坚果硬核期进行，以氮、磷、钾复合为主，主要作用是供给核仁发育所需要的养分，保证坚果充实饱满。幼树尚未结果不可进行第3次追肥。

三、核桃缺素症

1. 缺锌症 核桃缺锌症又称核桃小叶病。典型症状是叶小且黄，质脆，卷曲。严重缺锌时，全树叶小而卷曲，枝条顶端枯死。防治方法：发芽前20～40天喷4%～5%硫酸锌液；或于叶片伸展后喷0.3%硫酸锌，每隔15～20天喷1次，共喷2～3次，可以维持数年。

2. 缺铜症 核桃缺铜初期，叶片会出现褐色斑点，引起叶片早黄早落，核桃仁萎缩，小枝的表皮出现黑色斑点，严重时枝条死亡。防治方法：春季展叶后喷施波尔多液，或喷0.3%～0.5%的硫酸铜液，或在距树干约70厘米处开20厘米深的沟，施入硫酸铜。

3. 缺铁症 核桃的缺铁症又称黄叶病。先从嫩叶开始，叶色变白，但叶脉仍保持绿色，严重时树叶沿叶缘变黄褐色枯死。防治方法：增施农家肥，可使土壤中的铁元素变为可溶性；或用硫酸亚铁与农家肥混合施用，也可在发芽前喷洒0.4%硫酸亚铁溶液。

4. 其他症状辨识 缺氮的植株从生长期开始就叶色较浅，叶片稀少，叶子变黄，常提前落叶；新梢生长量降低，植株顶部小枝死亡，产量明显下降，在干旱条件下也可能发生类似现象。

缺磷时，树体一般很衰弱，叶子稀疏，叶片出现不规则的黄化和坏死，落叶提前。

缺钾症状多表现在枝条中部叶片上，开始时叶片变灰白（类似缺氮），然后小叶叶缘呈波状内卷，叶背呈现淡灰色（青铜色），叶子和新梢生长量降低，坚果变小。

四、施肥方法

施肥方法有全园撒施、放射状施、环状施、穴状施、条状施等方法，要因地制宜，选用效果好的方法。

1. 全园撒施肥法 在耕地上种植的核桃一般采用这个方法。间作物收割后，在翻耕土地前撒1层农家肥，或再加适量磷肥和复合肥，然后翻耕土地将肥料埋于耕作土下。

2. 穴状施肥 在树冠投影范围内，开挖若干个（数量和大小根据树冠小而定）塘穴，将肥料埋入。

3. 放射状施肥法 以树干为中心，在树冠投影范围内，射线状地开挖4～8条施肥沟，沟宽20～40厘米，深30厘米左右（基肥稍深，追肥较浅），沟长与树冠半径相近，沟深由冠内向冠外逐渐加深。沟挖好后，将肥料与土壤充分拌匀填入沟内，然后覆土。每年施肥沟的位置要变更，并且随着树冠的不断扩大而逐渐外

移。该方法主要用于长势强、树龄较大的树。

4. 环状施肥法 以树干为中心，沿着树冠外缘，挖一个深 30 厘米，宽 30 ～ 40 厘米的环状沟，将肥料与土壤拌匀填入沟内，然后覆土。肥埋深些，追肥埋浅些，施肥沟可挖半环，也可挖全环，挖半环的需轮流开挖，一年换一个方位。此方法比较适用于 4 年生以上的树。

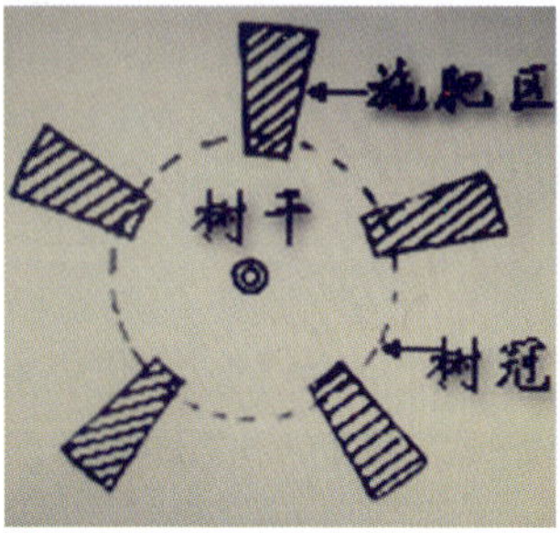

5. 条状施肥法 在核桃树行间或株间，沿着树冠边缘相对的两侧，分别挖平行的施肥沟，沟的宽和深与其他方法相同，长度根据树冠大小而定。挖沟的位置一年一换。

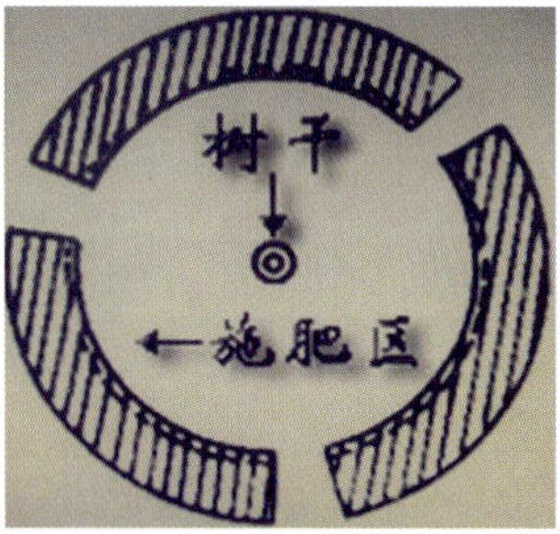

6. 其他施肥方法 科技的日益发展带来抚育管理工作机械化程度逐步提高，可以逐步将持续时间长、劳动强度大的抚

育管理工作简单化、省力化，解放大量的生产力。应选用水溶性肥料或肥水同步进行管理。

五、根外追肥

也称叶面喷肥，这是一种与土壤施肥相结合的辅助性施肥方法。即将一定浓度的肥料溶液，用喷雾工具把它直接喷洒到核桃树的茎、叶上，从而提高果实质量和数量的施肥方法。叶面喷肥就是利用核桃树上部，包括茎、叶、果皮等器官能直接吸收养分的特性，此方法具有直接性和速效性等优点。一般根外施肥后15～60分钟，树体便可以吸收肥液。在遇到自然灾害或突发性缺素症，以及为了补充极易被土壤固定的元素时，通过根外施肥，可以及时挽回损失。因此，根外追肥成本低、操作简单、肥料利用率高、效果好，是一种经济有效的施肥方式。

一般根外喷肥宜在上午8～10点或下午16点以后进行，高温、连阴雨或大风天气不宜进行。如果喷肥15分钟之后下雨，最好在天气变晴再补施一遍。

叶面喷肥常用浓度及喷施时间

肥料种类	浓度（%）	使用时间	肥料种类	浓度（%）	使用时间
尿素	0.5	生长期	硼砂	0.3～0.7	开花期
磷酸二氢钾	0.3～0.5	生长期	硫酸锰	0.05～0.1	生长期
硫酸亚铁	0.2～0.4	5～6月	硫酸铜	0.01～0.02	生长期
硫酸锌	0.5～1.5	发芽前	硫酸钾	0.5	7～8月
硝酸	0.03～0.05	开花期	草木灰	4	7～8月

各种肥料的使用浓度，在生长季节前期叶片幼嫩时要低些，后期叶片老熟时可适当高些。但最好交替使用，并且结合化学防治病虫害进行喷施，全年连续喷施 3 ～ 5 次即可。

六、水分管理

一般在年降水量为 600 ～ 800 毫米，分布比较均匀的地区，自然降水基本上可以满足核桃生长发育对水分的需求；而在年降水量低于 600 毫米的地区，则需要灌水补充降水的不足。当田间最大持水量低于 60％ 时，容易出现叶片萎蔫、果实空壳或变小，产量下降等问题，应及时进行补水。按照核桃的生长发育规律，需水较多的几个时期如下：

1. 萌芽前后 3 月中下旬到 4 月，核桃树开始萌动，发芽抽枝，此期物候变化快而短，几乎在一个月的时间里完成萌芽、抽枝、展叶和开花等生长发育过程。因为是正值春季干旱少雨的时候，所以应结合施肥灌水，称之为萌芽水。

2. 开花后和花芽分化前 5 ～ 6 月份，雌花受精后，果实迅速进入速长期，其生长量相当于全年生长量的 80％。到 6 月下旬，雌花芽开始分化，这段时期需要大量的养分和水分供应。如果干旱，则应及时浇水，以满足果实发育和花芽分化对水分的需求。尤其在硬核期(花后6周)前，应灌溉一次透水，以确保核仁发育饱满。

3. 封冻水 11月，树木落叶后，应结合施基肥灌一次封冻水。这次灌水不但可使土壤保墒，而且能促进厩肥的分解，增加冬前树体的养分贮备，提高树体的抗寒抗旱能力，也有利于第二年的核桃树的萌芽和开花。

07

第七章 核桃果实采收与贮藏

核桃果实的采收与采后加工和贮藏是核桃生产中的一个重要环节，它直接涉及到果实品质和经济效益等问题。

一、采收时期

核桃适时采收非常重要。核桃采收过早，青皮不易剥离，种仁不饱满，会影响产量，且不耐贮存。采收过晚，首先会出现果实脱落现象；其次青皮开裂后，若核桃果实停留在树上的时间过长，则会增加霉菌感染的机会，导致坚果品质下降。

在渭北地区，如果按照青果进入消费市场的时间来安排，采收时间以 8 月上中旬为宜；如果按照加工销售干果的时间来安排，采收时间则以 9 月上旬为宜。

当全树核桃果实青皮由深绿变成浅黄，大约 1/3 果实顶部自然开裂时，即可采收。此时核桃种仁饱满，幼胚成熟，子叶变硬，风味浓香。

核桃果实的成熟期，因品种和气候条件不同而异。早熟品种与晚熟品种的成熟期可相差 10 ～ 15 天。为解决干果销售问题，可结合市场收购情况，及时采收，以免造成不必要的损失。

二、采收方法

核桃的采收一般采用人工采收法和机械震动采收法两种。销售青果的果农，为避免青皮腐烂造成污染，或为保持果品的品相，多要求手工采摘，费时费力，工作效率不高；而以生产干果为主的果农，则可以在果实成熟期，用竹竿或带弹性的长木杆敲击果实所在的枝条或直接触落果实，这是目前生产中普遍采用的方法。敲打顺序应是从上至下、从内向外，顺着枝条延伸方向自然敲击，以免损伤枝芽，影响翌年产量。

三、药剂脱青皮

目前多推广采用药剂脱皮法，使用药剂为 0.3% ～ 0.5% 乙烯利溶液。

机械脱青皮

核桃采收后用网袋装运，将装有核桃的网袋直接放入乙烯利溶液中浸泡半分钟后捞出；然后将其堆放在

阴凉处或室内，堆放高度不能超过3层，经过5天左右离皮率可高达95%以上。或将装有核桃的网袋层层堆放，每放置一层，用喷雾器将乙烯利溶液向网袋上均匀喷洒一次，反转网袋后再喷一次，效果也很好。乙烯利催熟时间的长短和用药浓度以及果实成熟度有关，即果实成熟度高，用药浓度低，则催熟时间短；反之亦然。由于乙烯利属于内源激素，适量使用不会对核桃品质造成影响，也不会危害人体健康。

核桃量大时，应选用青皮剥离机脱青皮，具有漂洗功能经它脱皮机处理的核桃外观洁净，无黑斑，品相美观一致，同时也能提高工作效率，减少对乙烯利人体皮肤的损伤。

将核桃放置在下面透气的架子上晾晒，并不间断搅拌，一周左右就可以销售或贮藏。

08

第八章　核桃树冻害及其预防

一、核桃树冻害类型

春季晚霜危害

1. 主干冻害　初冬和早春昼夜温差大，主干皮层组织易随日晒温度增高而生长活动，当夜间温度骤降时，活动被抑制而受冻。另外，树干皮层组织往往因为气温骤降而迅速冷缩，木质部产生的压力容易将树皮撑开；细胞间隙结冰也会造成皮层裂缝。

2. 枝杈冻害　通常发生在分杈处向内的一面，主要是由于分杈处年轮窄，导管不发达，供给的营养不良且储备少，抗旱能力差等原因造成的。

3. 根茎冻害　因为核桃的根茎停止生长晚，早春萌动早，抗寒力弱，同时由于地表温度变化大，易受持续低温和较大变温的伤害，故使皮层受冻，破坏了输送营养的渠道，因自身蒸腾引发抽条和干梢枯枝。

4. 根系冻害 果树的根系无明显的自然休眠状态，所以抗冻能力较差，靠近地表的根系或栽植过浅的植株都容易遭受冻害，特别是在冬季干暖气候条件下，沙壤园地更易受冻。

二、核桃树防寒时间界限

加强灾后管理减损保树

因为发展核桃干杂果经济林的地域比较广，而南北气候差异较大，各地的栽植条件也不尽相同，所以树体生长状况参差不齐。但为了确保核桃的正常生长，应以气温在0～5℃为预防冻害的界定点，参照标准即地表“昼消夜冻”的现象出现。渭北地区预防冻害的时间范围为11月中旬至翌年3月中上旬，若加上抵御晚霜的时间，则应延迟至4月中旬。

三、核桃幼龄树防寒技术措施

1. 冬前修剪 对栽植1～2年的核桃树，在冬季来临前应进行适当修剪，达到定干高度的要及时定干，未达到定干高度的注意保护好顶芽。对3～5年生的核桃树，在入冬前要疏除多余的二次枝、背下枝、低位枝（第一主枝以下的枝条）和徒长枝；对生长过旺的中央领导干、主枝延长头和极性较强的营养枝需进行轻度短截；粗壮的中短枝则不用修剪，这样可使枝条的成熟度大幅提升，增强树体的抵抗力。剪口用波尔多液涂抹进行杀菌保护，效果很好。

及时进行休眠期修剪

2. 浇好封冻水　在秋末给核桃树浇灌一次封冻水，以维持根部地温的相对稳定，防止因外界温度的骤然变化而使植株受害。浇灌封冻水时间不能过晚，以免影响其他工序的进展。

3. 树干涂白　幼树涂白可以减小树干阴阳两面皮层的温差，从而防止植株受到冻害。另外，涂白剂具有铲除病菌、杀死虫卵的功效，能够充分发挥防冻、防病、防虫、防日灼的作用，故建议果农在盛果期树上也可采用此项技术。涂白时一定要均匀，可以选择涂刷或喷涂的方法，将主干和骨干枝的后部（20 ～ 30 厘米）全部涂白效果更佳。

灌好封冻水

树干涂白

涂白剂的常用配方是：石硫合剂原液 0.25 千克，食盐 0.25 千克（可以不加），生石灰 1.5 千克，油脂适量，水 5 千克。

配制方法：将生石灰加水熟化，倒入油脂搅拌后加水制成石灰乳，再掺入石硫合剂原液和盐水，充分搅拌即成。为延长涂白期限，还可在混合液中添加粘着剂。现在市场上已经有厂家生产粉末状涂白剂，增强了毒杀钻蛀性害虫的效果。其主要成分类似涂料，这种工厂化生产的涂白剂相比传统的涂白剂使用更方便，也更有利于储存。

4. 聚乙烯醇溶液涂干 用熬制好的聚乙烯醇溶液在植株的主干上均匀涂刷，也可以起到很好的保护作用。

5. 树干缠膜防寒 主要使用对象是主干和没有二级分枝的幼龄核桃树。方法是：将农用地膜裁成宽10厘米左右的地膜条，自上而下呈螺旋状缠绕树干最后在地茎处捆扎。缠膜时一定要缠紧、缠严实，膜条与树干之间的空隙越小越好。这样可以避免因温室效应对树干造成的日灼，并加大了枝条水分的蒸腾量，也能防止大风吹烂地膜条。当来年2月下旬或60%以上的芽体萌动时，选择气候稳定的无风天气，于下午3～5时解除缠扎的地膜条即可。

6. 根茎培土防寒 这是推广和应用多年且被证明效果很好的一项抗寒抗旱技术措施，即在树干根茎部位培起一个直径为50厘米、高度为30厘米（以略高于嫁接点为宜）的圆锥形

封堆防寒

喷施石硫合剂

土堆。此项措施不但可以防止低温冻伤根茎和浅层的水平根系，同时还能有效减少树冠投影内部土壤水分的蒸发量，翌年3月扒开封土即可。

认真做好入冬前清园

7. 晚霜预防 平流辐射型霜冻由于影响范围广、强度大，应该采用喷雾法进行预防。可用0.5％蔗糖水，或0.3％～0.5％磷酸二氢钾水溶液，或1％～1.25％防冻剂溶液，在冻害天气发生前1～2天对树体喷雾。此项措施对增加树体的抗寒力，减轻枝条冻害，效果较好。

09

第九章　核桃树病虫害防治

一、几种常用药物的配置方法

由于“有机食品”“绿色食品”的健康理念逐渐深入人心，因此，我们倡导要减少农药化肥的施用。在加强肥水管理、保证树体健壮的前提下，核桃树的病虫害是相对较少的。在防治方面，应以物理防治、药剂诱杀为主，化学防治为辅，既可以保护生态环境，又能够减少园地内农药的残留量，使果农生产的果实取得更好的经济效益。核桃生产中几种常用药物的配置方法如下：

1. 波尔多液　波尔多液是一种保护性杀菌剂，是防治果树叶、果病害的常用药剂。成品为天蓝色、微碱性悬浮液，其有效成分为碱式硫酸铜。一般在果树病害发生前喷洒，起预防保护的作用。药液喷雾在植物体上可生成一层白色的药膜，可有效地阻止病菌孢子萌发，防止病菌侵染，提高树体抗病能力。波尔多液的黏着力强，较耐雨水冲刷，具有杀菌谱广、持效期长、病菌不会产生抗性、对人和畜低毒等特点，所以广泛用于防治蔬菜、果树、棉、麻等的多种病虫害，是农业生产上优良的保护剂和杀菌剂。

波尔多液主要配制原料为硫酸铜、生石灰及水，其混合比例要根据树种或品种对硫酸铜和石灰的敏感程度、防治对象以及用药季节和气温的不同而定。生产上常用的波尔多液比例有：硫酸铜石灰等量式（硫酸铜：生石灰 =1∶1）、倍量式（1∶2）、半量式（1∶0.5）和多量式（1∶3 ～ 5），用水一般为 160 ～ 240 倍。所谓半量式、等量式和多量式波尔多液，是指石灰与硫酸铜的比例。而配制浓度 1％、0.8％、0.5％，0.4％等，是指硫酸铜的用量。例如施用 0.5％ 浓度的半量式波尔多液，即用硫酸铜 1 份、石灰 0.5 份、水 200 份配制，也就是 1∶0.5∶200 倍波尔多液。

配置波尔多液

在配制过程中，可按用水量的一半溶化硫酸铜，另一半溶化生石灰；待完全溶化后，再将两者同时缓慢倒入备用的容器中，不断搅拌。也可用 10％～ 20％的水溶化生石灰，80％～ 90％的水溶化硫酸铜，待其充分溶化后，将硫酸铜溶液缓慢倒入石灰乳中，边倒边搅拌使两液混合均匀即可。此法配成的波尔多液质量好，胶体性能强，不易沉淀。

要注意切不可将石灰乳倒入硫酸铜溶液中，否则已发生沉淀，影响药效。

2. 糖醋液 糖醋液是一种安全、经济、有效的虫害防治方法，这个方法不仅大大降低了生产成本，而且还不存在农药残留，不污染环境，对人畜没有危害。糖醋液的配方为：糖 1 份，醋 2 份，白酒 0.4 份，杀虫剂 0.1 份，水 10 份。盛装糖醋液的口径越大，挥发量就越大，所以瓶口应是直敞开或向外敞开的，这样便于金龟子的扑落，增加收虫量，从实践中得知，瓶口径以 10 厘米左右为宜。

配制方法：先把糖和水放在锅内煮沸，然后加入醋关火放凉，将液体倒入其他容器中，再加入酒和杀虫剂搅拌均匀即可。将盛有糖醋液的容器悬挂在树上，一棵树上，挂 1 ～ 2 个，用完后，糖醋液不能直接倒入土壤，要挖坑深埋。

害虫对颜色有一定的辨别能力，利用装糖醋液瓶子颜色来诱引就可以起到双重的效果，害虫最喜食花朵，再是果实，叶次之。金龟子最喜红、黄、橙、紫色，蓝、绿次之，白色最差。瓶子可用废旧农药瓶制作。

3. 石硫合剂 石硫合剂是用生石灰、硫磺加水熬制而成的一种具有强力渗透腐蚀性，集杀菌、杀虫、杀螨为一体的矿物质农药，可防治多种农作物和果树的病虫害。一般现熬现用，常使用瓦锅或生铁锅熬制，不能使用铜锅或铝锅，否则会影响药效。

石硫合剂的配方：生石灰 1 千克，硫磺粉 2 千克，水 10 千克。硫磺粉要求用 200 目的筛子筛过，并且愈细愈好；生石灰要求成块、洁白、质好、杂质少。

石硫合剂的熬制方法：将水加入锅中，水面距锅沿位置作个标记，以便煮沸时及时补充失去的水分。先从锅中取少量水将硫磺粉拌成稠糊状再加入凉水锅中，生火加热，将水烧热至90℃，逐渐加入生石灰块，不断搅拌，使锅内温度上升至沸腾翻滚，逐渐放完全部生石灰。大火熬开，并不断搅拌，熬制45分钟，其中：前15分钟使用大火，后使用中火，散失的水分用热水及时补足，使石灰和硫磺充分化合反应，呈红褐的酱油色即可停火。

4. 树干涂白剂 树干涂白，目的是防治病虫害、预防冻害和延迟树木萌芽，避免日灼危害。在日照、温度变化剧烈的大陆性气候地区，涂白可以减弱树木地上部分吸收太阳辐射热，从而延迟芽的萌动期。涂白会反射阳光，避免枝干湿度的局部增高，因而可有效预防日灼危害，同时可防治蛀干害虫、皮溃疡病害。涂白剂的常用配方是：石硫合剂原液0.25千克，食盐0.25千克（可以不加），生石灰1.5千克，油脂适量，水5千克。

配制方法：将生石灰加水熟化，加入油脂搅拌后加水制成石灰乳，再倒入石硫合剂原液和盐水，充分搅拌即成。为延长涂白期限，还可在混合液中添加粘着剂。现在市场上已经有厂家生产粉末状涂白剂，具体功能增加了杀钻蛀性害虫效果，主要成分类似涂料，这种工厂化生产的涂白剂相比传统的涂白剂使用更方便、更有利于储存。

5. 聚乙烯醇胶液 主要用于核桃的树干防寒或枝接接穗的封闭。用熬制好的聚乙烯醇溶液在植株的主干上均匀涂刷。聚乙烯醇溶液的熬制方法为：按照“聚乙烯醇：水=1:（15～20）”的比例进行熬制，先将水烧至50℃左右，然后一边搅拌一边加入聚乙烯醇（不能等水烧开了再加入，否则聚乙烯醇不能完全溶解，溶液就不均匀了）直至沸腾，再用文火熬制 20 ～ 30 分钟即可，待温度降到 40 ～ 50℃，便可用小桶盛装胶液刷涂核桃树干。如果涂干后再结合在苗木基部封堆，防寒效果更佳。

二、核桃树主要病害及防治

果实病害 → 叶部害虫 → 枝干害虫 → 根部害虫已经发现的核桃病害主要为：核桃炭疽病、核桃白粉病、核桃溃疡病、核桃腐烂病、核桃枯枝病、核桃根腐病。

白绢病 根腐病 根瘤病	腐烂病 溃疡病 枯枝病	褐斑病 白粉病 灰斑病	黑斑病 炭疽病 日灼病

在合阳县核桃树出现的主要病害

1. 核桃炭疽病 该病主要危害核桃果实、叶片、嫩哨、芽、和雄花序。核桃果实受害后变黑、腐烂、早落、核桃仁干。受害后核桃症状为果皮是初期出现褐色病斑，后变黑色，圆形或近圆形，中央下陷，病部有黑色小点产生，有时略呈轮状排列。雨后或潮湿条件下，黑点上益出粉红色沾质孢子团。叶片上的病斑褐色，其外缘有不规则三层黄色圈。潮湿时，病斑上小黑点也产生粉红色孢子团，严重时叶斑连片、枯黄，最后导致叶片脱落。

核桃炭疽病果实受害状

防治方法有：

① 清除病僵果和病枯叶集中烧毁，减少病害的来源。

② 加强核桃的抚育管理，及时中耕除草和修剪枯枝；合理施肥，改善核桃植株的通风透光条件，改善核桃树的生长环境，控制病害的发生。

③ 6月～7月，病害感染和发生期，及时摘除病果，树上交替喷洒保护性杀菌剂1∶2∶200倍波尔多液。或40%退菌特可湿性粉剂800倍液，或50%甲基托布津可湿性粉剂800～1 000倍液。

2. 核桃黑斑病 该病属细菌性病害，也称细菌性黑水病。主要危害果实、叶片、嫩梢、芽、雄花序及枝条。幼果受害初为微隆起的黑褐色小斑点，边界不清，以后扩大整片变黑，深入果肉直至果仁变黑并腐烂脱落；较大果实只限外果皮，常造成落果、品质下降、出油率降低；叶片受害时，在叶脉出现不规则多角型褐斑，外围有水浸状晕圈，向中间颜色逐渐变深，严重时病斑连片至叶片变黑脱落；枝梢、叶柄受害时，病斑呈长条形，病斑环切后造成枝条枯死。病原菌在残留病果、病叶、芽鳞等组织内越冬，翌年春季借风雨传播到叶、果及嫩枝上。在核桃开花期及展叶期最易感病，夏季多雨时发病较重。

防治办法：

① 选用抗病品种，加强栽培管理，培壮树势，提高抗病能力；科学防治举肢蛾、山核桃蚜虫、长足象等果实害虫，减少伤口和传播媒介；

② 采果后，及时施基肥，并清除病叶、病枝、病果，集中烧毁；早春和晚秋修剪结束后，给核桃树体涂白。

③发病严重的地区，在核桃发芽前给树体和树盘下喷3～5波美度的石硫合剂，铲除消灭越冬病菌；生长期喷1～3次半量式波尔多液，或在雌花开花前、开花后以及幼果期各喷1次50％的甲基托布津500～800倍液。

3. 核桃枯枝病 该病属真菌性病害。主要危害树干，造成树枝干枯。1～2年生的弱枝感染后，从梢部开始，逐渐向下蔓延，直到主干。发病后，叶片逐渐发黄、脱落；枝条上产生密集小黑点，湿度大时，流出粘液，并形成黑色瘤状突起。当病斑扩展为绕干一周时，枝条枯死，甚至全株枯死。病菌主要在病枝上越冬，通过伤口浸入，通常只为害长势衰弱的树。病菌在病枝上越冬。翌年分生孢子借风雨传播，通过枝条上的各种伤口进行初次侵染，发病后又产生孢子进行再次侵染。病

核桃枝枯病危害状

菌是一种弱寄生菌，只为害生树木受冻害或春季干旱有利于发病。空气湿度大，或雨水多的年份发病较重。核桃树栽植过密，通风透光不良，发病也重。

防治方法有：

① 加强园地管理，及时剪除病枝并及时烧毁；同时搞好夏剪，疏除密蔽枝、病虫枝、徒长枝，改善通风透光条件，降低发病率，秋季要认真清园。

② 加强管理，一是深翻土壤，核桃采收后至落叶前进行土壤深翻，熟化土壤，促进根系发育，提高吸收功能。深翻深度以 20 ～ 30 厘米为宜；二是施足肥料，结合深翻每株成年大树施入腐熟的有机肥 150 ～ 200 千克，6 ～ 7 月追肥一次氮、磷、钾复合肥料；三是及时灌水，促进树体健康生长，提高抗病能力。

③ 冬季树干涂白，防冻、防旱、防虫，减少衰弱枝及各种剪口伤，防止病菌的浸入。

④ 在 6 ～ 8 月雨季到来前，用 70% 甲基托布津可湿性粉剂 800 ～ 1 000 倍液，或代森锰锌可湿性粉剂 400 ～ 500 倍液喷雾防治。每隔 10 天喷一次，可收到明显的防治效果。

枝条受害状

4. 核桃溃疡病 溃疡病是核桃树干上的一种常见病害，主要危害核桃的苗木、幼树树干、嫩枝及果实。初期在树皮表面出现近圆形的褐色病斑，以后扩大成长椭圆形或长条形，并有褐色粘液渗出，向周围浸润，使整个病斑呈水渍状。后期病部干瘪下陷，其上散生很多小黑点。受害果实果面上形成褐色的近圆形病斑，发生严重时会导致果实干缩、腐烂、早落。枝干染病后造成长枝衰弱、枯枝甚至全株死亡，落果严重，品质下降。

核桃溃疡病的防治方法：

① 建园时，优选抗病性较强的品种进行栽植。

② 加强土肥水管理，合理修剪，增强树势，提高树体抗病力。清除病枯枝，减少病菌来源。

③ 进行树干涂白，防止日灼和冻害，减少病源侵入。

④ 主干发病后，用刀刮除枝干病斑深达木质部，或用小刀在病斑上纵横划道，然后涂 3 波美度石硫合剂，或 1% 硫酸铜溶液，或 10% 碱水，或 1∶3∶15 波尔多液。

5. 核桃腐烂病 核桃树腐烂病又称黑水病。主要为害枝干和主枝的表皮，可导致树势衰弱甚至死亡。幼树主干和侧枝上的病斑，初期近梭形，微肿起，暗灰色水渍状，用手指按压流出带泡沫状的液体，病皮变褐色，有酒糟味；中期病皮失水下陷，病斑上散生许多小黑点；后期病斑沿树干的纵横方向发展，皮层纵向开裂，流出大量黑水。当病斑环绕树干一周时，即可造成枝干或全树死亡。病菌在枝干病部越冬，从冻伤、机械伤、剪锯口、嫁接口浸入。

核桃腐烂病的防治方法：

① 改良土壤，促进根系发育；加强栽培管理，增施有机肥料；合理修剪，使树势生长健壮，提高抗病能力。

② 适当疏除下垂枝、老弱枝，恢复树势，并对剪锯口用 1% 的硫酸铜进行消毒。

③ 刮治病斑，一般在冬前或早春进行，也可以在生长期发现病斑随时进行刮治。刮后用 50% 多菌灵 1 000 倍液，或 5 波美度石硫合剂进行消毒处理，刮下的病皮要集中烧毁。

④ 冬前或春节，对树干涂白防寒，防止日灼；或于春季发芽前、6 ～ 7 月或 9 月，在主干或主枝的中下部喷洒 2 ～ 3 波美度的石硫合剂。

三、核桃主要虫害及防治

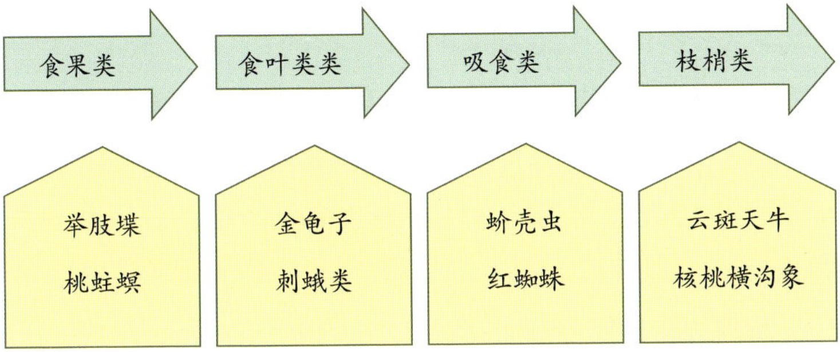

1. 核桃举肢蛾 主要为害果实，幼虫在青皮内蛀食危害，引起细菌感染，被害处青皮变黑，俗称“核桃黑”。危害早者种仁干缩、早落，晚者变黑，是核桃产区主要的虫害之一。一般每年发生 2 代，多雨年份比干旱年份危害严重，荒坡地比间作地危害严重，沟顶及阴坡发生危害较重。

核桃举肢蛾

核桃举肢蛾的防治办法：

① 土壤封冻前，认真进行清园，彻底清除树冠下的枯枝落和杂草，刮掉树干基部的老皮，集中销毁，并对树下的土壤进行深翻，可消灭部分越冬幼虫。

② 6 ～ 8 月摘拾黑果，集中销毁，减少下年的虫口密度。

③ 6 月上旬至 7 月中旬成虫产卵盛期，每隔 10 ～ 15 天，选用 50% 的杀螟松 1 000 ～ 1 500 倍液，或 15 % 的吡虫啉 3 000 ～ 4 000 倍液对树冠喷药。

④ 科学间作，加强园地的综合管理，增强树势。

2. 云斑天牛 又名白条天牛、核桃大天牛，成虫啃食新枝嫩叶，导致枝条枯死，幼虫钻入木质部驻食，造成树势衰弱，果品质量下降，严重时树干被蛀空，树体死亡。成虫黑褐色或赤褐色，有假死和趋光习性。是核桃生产中一种毁灭性的害虫。

云斑天牛的防治方法：

① 成虫产卵期，刮除树干上月牙形产卵槽中的虫卵和幼虫。

② 利用成虫有趋光和假死习性，晚上用黑光灯诱杀，或者用灯光将成虫引诱到树下人工扑杀。

③ 树干涂白，防止成虫产卵，也可杀死幼虫。

④ 将花生油注入虫孔，引导天敌杀死幼虫；也可用棉球蘸 50% 磷胺乳

油或 50% 杀螟松乳油，塞入虫孔，并用湿土封严。

3. 核桃扁叶甲 又称核桃叶甲、核桃金花虫。以成虫或幼虫取食叶片，食成网状，甚至将树叶全部吃光，仅留主脉，形似火烧，严重影响树势和产量，有的甚至全株死亡。

核桃叶甲幼虫

核桃叶甲成虫

核桃扁叶甲的防治方法：

① 利用产卵、幼虫期的群集性，人工摘除虫叶，集中烧毁；利用成虫的假死性，人工振落捕杀。

② 越冬成虫上树前，或新羽化成虫越夏上树前，在核桃树干上涂刷阻虫带，以阻杀成虫。

③ 成、幼虫在树上取食期，尤其是越冬幼虫初上树活动取食期，喷洒 15% 的吡虫啉 3 000 ～ 4 000 倍液，或 2.5% 溴氰菊酯乳油 8 000 ～ 10 000 倍液。在郁闭度较大的林分也可施放烟剂。

④ 保护和利用天敌。如猎蝽、奇变瓢虫等。

⑤ 结合园地内养殖（养鸡），杀死成虫。

4. 核桃芳香木蠹蛾　是一种蛀干性害虫，以幼虫蛀食树木形成层、韧皮部和初生木质部，蛀道褶皱不齐，老熟幼虫可分泌出一种有芳香气味的液体，因此而得名。蛀道往往造成木质部与皮层分离，极易剥落，严重影响树干养分的输送，轻者植株衰弱，重者使植株死亡；到 9 月下旬至 10 月上旬，幼虫老熟，爬出隧道，在根际处或离树干几米外向阳干燥处约 10 厘米深的土壤中结茧越冬。

幼虫为害状

芳香木蠹蛾成虫

核桃芳香木蠹蛾的防治方法：

① 选用抗病良种，加强园地管理，提高抗虫性。

② 在成虫产卵期（7～8月），树干涂白土剂，防止成虫产卵。

③ 6～8月份，当发现根颈皮下部有幼虫为害时，可撬起皮层挖杀幼虫，同时将蘸有磷胺或40%氧化乐果的棉球堵塞虫孔，再用黄泥封口，以熏杀幼虫。

④ 成虫产卵前期，在树干1米以下及根茎部喷1～2次2.5%的溴氰菊酯3 000～4 000倍液，防治初孵化的幼虫。

在核桃的抚育管理过程中，尤其是重大病虫害、冻害的防治过程中，应大力提倡因害设防、群防群治方针，既可以提高防治效果，减小管理成本，又能够促生组建专业的防治队伍，化解劳动力不足、设备落后、劳动量大等问题。

附录：

秋冬季核桃产业建设推广技术措施

技术措施		
一	造林时间	10月下旬至11月底，时间越早越好
二	整地开带	清除前茬作物残留物，有冬作物的造林地块，造林前必须开带，宽幅≥ 1.5 米
三	栽植密度	密度以 4 米 ×5 米或 5 米 ×6 米为宜，可根据地块宽幅统一进行适当调整，力争行端列齐
四	栽植穴规格	栽植穴的规格为 80 厘米 ×80 厘米 ×80 厘米，尤其要注意深度，为根系生长创造良好的条件
五	根系处理	①剪根，将主根剪成下马蹄形，同时剪除伤根、烂根；②消毒，把根系浸入 300 倍石硫合剂或 100 倍果树康水溶液或 0.5% 硫酸铜溶液中 1 ～ 2 分钟，消毒灭菌；③蘸根，将苗木根系放进 1 000 ～ 1 500 倍的生根粉溶剂中浸泡 5 ～ 12 小时，增强生命特性和抗性；④拉泥条，造林前，用 0.2% ～ 0.3% 的磷酸二氢钾溶液和成泥浆拉泥条，提高造林成活率
六	追施底肥	将农家肥与无机肥料充分混合后填入栽植穴底部，提高肥料的利用率，施底肥标准：农家肥 5 ～ 10 千克 / 株，化肥 200 ～ 400 克 / 株
七	精细栽植	①根据苗木的粗细、高低进行再次分级，尽量将同等规格的苗木集中栽植，便于后期的管护管理；②适当回填，标准是将苗木放入栽植穴后，茎干上的轮痕与地面对齐，侧根均匀的水平分布，主干垂直中正；③填土三分之二时进行第一次踩踏，再次填土与地面持平后进行第二次踩踏，最后用细土填平并围拢浇水树盘，内径与栽植穴大小同等为宜
八	浇水定根	不管土壤墒情如何，新植苗木一定要浇好定根水，一般每株树浇灌 25 千克水，墒情差或条件便利时，可以进行第二次浇水，等水分下渗后再填 5 ～ 10 厘米的土层进行覆盖
九	苗木防寒	①截干，对过高的苗木（苗高＞ 100 厘米）或梢端木质化程度较差的苗木，要进行截干，使养分更加集中，茎干的成熟度更高，可将嫁接部位 30 ～ 50 厘米以上的部分剪掉，同时用封剪膏处理好伤口即可；②缠扎，用报纸条、地膜条（宽度为 10 厘米左右）或防寒袋自上而下将苗木缠扎起来（下端一定要在嫁接部位以下），以抵御漫长的低温大风气候，防止“抽条”在栽植前进行缠扎，可以提高工效；③封堆，用栽植穴外围的细土在茎干周围堆起一个圆锥形封堆，封堆高度为 30 厘米左右，以略高于嫁接部位为宜；④苗木防寒工作在 11 月下旬完成，县南可以延至 12 月上旬，秋栽苗木一定要采用和推广这项技术，以提高成活率
十	完善质量	造林结束后，要统一进行巡回检查，对技术措施不到位的造林地块要抓紧整改；除有冬作物地块外，要对园地进行整理，耕旋耙耘，清除杂物，为第二年的管理赢得充足时间

常用杀菌剂的类别及特点

序号	药剂名称	主要特点	使用方法	注意事项
1	石硫合剂	①多硫化钙等成分在氧气、水分和二氧化碳等作用下，发生系列化学反应逐步形成细微的硫细粒，侵蚀害虫或病菌的表皮破坏其新陈代谢，杀死害虫和病菌；②在其化学变化过程中也有硫化氢的释放，使之药效更好，但同时也容易产生药害；③石硫合剂大多在作物越冬或春季萌芽前作为铲除剂喷洒	生石灰1份：硫磺2份：水20份在瓦锅或生铁锅内煮制而成的透明状酱油色、臭鸡蛋味，以多硫化钙为其主要成分的碱性药剂。其有效成分含量多用波美比重计算	①石硫合剂对白粉病、锈病、果树腐烂病高效；②温度越高，石硫合剂的使用浓度应该越低，高温低温条件下不宜使用；③单独使用，不能与其它药剂混用，使用间隔期也不宜过短
2	波尔多液	对晚疫病、霜霉病、黑痘病和炭疽病、黑星病等病害有很好的预防效果	配制比例有半量式、等量式、倍量式，常用半量式，对树体伤害较小	①单独使用；②商品化制剂的安全性、混配性更好；③间隔期要长
3	代森锰锌（大生）	经典的保护性杀菌剂，对多种作物上的多种病害有效	①市场上有普通代森锰锌和络合态代森锰锌两类，络合态代森锰锌价格高，但药效更好，对作物更安全；②对铜制剂敏感，使用安全间隔期一周以上；③高温时慎用	
4	噻菌铜（龙克菌）	有机铜类杀菌剂，主要防治多种作物上的细菌性病害，兼治真菌性病害	①可以和大多数药剂混合使用；②高湿或叶片有水珠时慎用；③大多为保护性杀菌剂，应在病害发生前或发生初使用；④易产生药害，使用前仔细阅读产品说明	

续表

序号	药剂名称	主要特点	使用方法	注意事项
5	多菌灵 甲基硫菌灵	是我国目前使用量最大的杀菌剂。对大多数真菌性病害都有内吸治疗性效果	拌种、土壤处理、喷雾、灌根等方式，防治多种作物上的枯萎病、白粉病、黑斑病、早疫病、菌核病、黑粉病、黑星病等病害	①因在我国使用时间长、用量大，多种病害已经对其产生抗药性，建议该药和其它药剂混配或交替使用；②大剂量长期使用，有致癌风险，在采收前50天禁用；③因有向上传导特性，使用时应予以注意和利用；④不能和碱性、铜制剂混用；⑤和多菌灵有交互抗性，忌长期使用

核桃周年生产管理技术措施明细

月份	物候期	管理任务	技术措施
1～2月	休眠期	1. 延迟进行冬季修剪 2. 树干涂白 3. 种子沙藏 4. 病虫害防治	①在2月下旬开展整形修剪工作，盛果期以疏除病虫枝为主，结合修剪采集芽接穗条（发芽前20天左右）；②病虫害防治，刮老树皮，兼防腐烂病；喷5波美度的石硫合剂，防治核桃黑和炭疽病等多种病虫害。防治草履蚧若虫，涂胶时要先刮平树干
3月	萌芽期	1. 合理灌水追肥 2. 播种繁育苗木 3. 疏除雄花，节省营养提高坐果率 4. 规范良种建园	①广泛推广“四大一膜”栽植技术，科学营造产业林；②在坡地和旱地，推广穴施肥水和覆膜抗旱保墒技术；③在树上悬挂的半干核桃枝，防治黄须球小蠹，在6月中旬或成虫羽化前，全部收集起来集中销毁；④用10%甲基托布津、10%苯骈咪唑50～100倍液涂刷树干，防治腐烂病感染；⑤中下旬疏除雄花或雄花序，越早越好

续表

月份	物候期	管理任务	技术措施
4月	萌芽、开花、展叶期	1. 高接换优 2. 预防霜冻 3. 防治病虫害 4. 完成花前的肥水补给	①高接换优采取插皮接或插皮舍接法，砧木粗度 2 ～ 10 厘米为宜接穗应选择良种树外围充实健壮的发育枝，要绑紧接口，注意保湿；②在主干和主枝中下部喷 3 波美度石硫合剂，防治溃疡病和腐烂病；③制作糖醋液，诱杀食叶害虫，或在早晨震动树干，人工扑杀金龟子成虫；④中下旬，喷倍量式波尔多液 1 ～ 3 次（生长季节每半月左右喷施一次）或 65% 代森锌 200 ～ 300 倍液；⑤涂抹嫁接口、修剪产生的剪锯口，防止腐烂病菌的浸入；⑥消灭核桃小吉丁虫、黄须球小蠹和芳香木蠹蛾幼虫，剪除的病虫枝，要移出园地外集中烧毁；⑦预防晚霜
5月份	枝条迅速生长期坐果期果实膨大期	1. 高接换优后的管理 2. 补充水肥（花后） 3. 病虫害防治	①苗木嫁接 20 ～ 30 天后，要及时除萌，我县春季风大，要及时摘心、或绑缚立柱，防止风折；②采用“穴贮肥水法”每株树补充水 25 千克和氮肥 0.5 千克；③树盘覆土，阻止举肢蛾成虫羽化出土；④喷施 50% 的辛硫磷乳油 2 000 倍液，或 20% 的速灭杀丁 3 000 ～ 4 000 倍液，防治木橑尺蠖幼虫危害，或晚上用灯光、火堆诱杀成虫；⑤人工扑杀横沟象成虫，或刨开根茎部的图，用浓石灰浆涂封根际，防止成虫产卵
6月份	花芽分化及果壳硬化期	1. 芽接，培育成品苗 2. 监控病虫害 3. 补充水分，或进行根外追肥	①苗木和高接树在麦黄期采用芽接法，接穗要随采随用。接后保留 3 ～ 5 片复叶，15 ～ 20 天及时除萌，必要时绑缚防风杆；②检测举肢蛾、小吉丁虫、云斑天牛等害虫的发生规律，每隔 10 ～ 15 天喷一次 10% 溴氰菊酯乳油 1 500 ～ 2 000 倍液；③天气干旱时，可根据情况进行沟灌、喷灌、滴灌补充水分；④预防溃疡病、枯枝病、核桃褐斑病，进行树干涂白，或 50% 甲基托布津 800 倍液

续表

月份	物候期	管理任务	技术措施
7～8月份	种仁充实期成熟前期	1. 补接 2. 夏季修剪 3. 松土除草 4. 病虫害防治 5. 捡拾落果	①检查芽接成活情况，及时补接（方法同上）；②去除病虫枝、过密枝、重叠枝、直立枝，对质量少的树进行摘心；③有草必锄、雨后必锄、浇后必锄，保持园地土壤疏松没有杂草；④采用人工扑杀和黑灯光诱杀等方法，消灭木橑尺蠖、银杏大叶蚕等害虫，或喷1:2:200的波尔多液，防治核桃褐斑病；⑤捡拾落果，采摘虫害果，集中深埋
9月份	果实成熟期	1. 果实采收 2. 早期落叶病防治 3. 秋季施肥	①当果实有5%～30%裂口时，适期采收，采收后及时脱青皮、清洗并晾晒，以防霉变；②施肥方法可采用环状沟、放射状沟，深60厘米、宽30～40厘米，每株施2.5～5千克的牛粪或鸡粪；③刮除病斑，剪掉病虫枝，集中烧毁；④清除病枝枯叶，减少病原，发病时可喷施石硫合剂进行防治
10月份	落叶前期	1. 追施基肥 2. 控制病虫	①9月份未施基肥的可以进行补施，方法同上切记不可施氮肥和浇水；②防治腐烂病、枯枝病和溃疡病，刮除病斑，刮口要平滑，刮皮范围要超出生病组织1厘米左右，并用50%甲基托布津或3波美度的石硫合剂，或1%硫酸铜液，或10%碱水对剪锯口、伤口进行处理；③剪除病虫枝，并进行树干涂白
11月份	落叶期	1. 放任树修剪 2. 清扫果园 3. 水肥管理	①放任树去除低位枝、交叉枝、重叠枝，打开光照，处理好剪锯口；②幼旺树尽量多留少剪，弱树可多回缩或重剪，对病虫枝和未木质化的枝条及时剪除；③树干封堆、幼树缠扎，抗寒越冬；④营建良种核桃园
12月份	休眠期	1. 整形修剪 2. 树干涂白 3. 防治病虫害 4. 深翻扩盘	①弱树重剪，旺树轻剪或不剪，去除枯枝、病枝；②人工挖除越冬态的幼虫和卵块，集中消灭；③冬灌（封冻前浇水）有利于幼树越冬；④树干涂白，根茎部位封土堆，保证树体安全越冬；⑤选择通风阴凉处，对种子进行沙藏处理；⑥用沼液、草木灰等混合浇灌树木，杀死虫卵或越冬的幼虫

主要参考文献

[1] 李保国，齐国辉主编. 绿色优质薄皮核桃生产 [M]. 北京：金盾出版社，2008.

[2] 原双进，刘朝斌主编. 核桃栽培新技术 [M]. 杨凌：西北农林科技大学出版社，2005.

[3] 曹尚银主编. 优质核桃规模化栽培技术 [M]. 北京：金盾出版社，2010.